21世纪高等职业教育计算机技术规划教材

计算机应用基础实训与上机指导

◎ 余上 彭光彬 陈敏 主编

◎ 邓永生 郑殿君 代俊敏 副主编

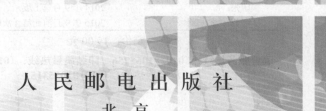

人民邮电出版社

北 京

图书在版编目（ＣＩＰ）数据

计算机应用基础实训与上机指导 / 余上，彭光彬，
陈敏主编. -- 北京 : 人民邮电出版社，2014.9（2015.9重印）
21世纪高等职业教育计算机技术规划教材
ISBN 978-7-115-36834-8

Ⅰ. ①计… Ⅱ. ①余… ②彭… ③陈… Ⅲ. ①电子计
算机－高等职业教育－教学参考资料 Ⅳ. ①TP3

中国版本图书馆CIP数据核字(2014)第194235号

内 容 提 要

本书是"计算机文化基础"课程实践教学的配套教材，旨在提高学生的计算机实践能力，教材在编写的过程中遵循"强化基本操作能力、拓宽实用范围"的指导思想，融入了大量的实例，并有针对性地将知识点融入实例中，书中内容包含 Windows 基本操作、Word 文字处理、Excel 表格制作、PowerPoint 幻灯片制作、Access 数据库应用、计算机网络实用技术、Photoshop 图像处理等，并在书后附有最新计算机等级考试上机模拟试卷，供学生参考训练。通过本书学习，学生不仅可以巩固课程大纲所规定的内容，还能根据自己的兴趣有选择性地拓展技能。

本书可作为高等职业院校计算机应用基础的实践教学教材，也可作为参加计算机等级考试学生的辅导用书。

◆ 主　编　余　上　彭光彬　陈　敏
　　副主编　邓永生　郑殿君　代俊敏
　　责任编辑　马小霞
　　执行编辑　蒋　勇
　　责任印制　张佳莹　杨林杰

◆ 人民邮电出版社出版发行　　北京市丰台区成寿寺路 11 号
　　邮编　100164　　电子邮件　315@ptpress.com.cn
　　网址　http://www.ptpress.com.cn
　　三河市海波印务有限公司印刷

◆ 开本：787×1092　　1/16
　　印张：8　　　　　　　　2014 年 9 月第 1 版
　　字数：203 千字　　　　2015 年 9 月河北第 3 次印刷

定价：19.00 元
读者服务热线：(010)81055256　印装质量热线：(010)81055316
反盗版热线：(010)81055315

　　随着信息技术的飞速发展，计算机及网络应用已经广泛渗透到人们生活的各个方面，计算机技术正在改变着人们的工作、学习和生活方式，掌握计算机应用技术并具备良好的信息技术素养已经成为培养高素质技能型人才的重要组成部分，也是人们走向成功所必备的基本条件。为了适应当前高等教育教学改革的需要，满足高等职业院校计算机应用基础课程教学的需求，我们组织了在教学一线多年从事计算机基础课程教学和教育研究的教师，编写了《计算机应用基础实训与上机指导》教材。

　　本书是"计算机文化基础"课程实践教学的配套教材，也可作为学生自学练习的参考用书。

　　在编写过程中，遵循"强化基本操作能力、拓宽实用范围"的指导思想，将知识点融入实例中，讲解细致，操作简单，内容丰富、实用，图文并茂，实践性强。任课老师可根据"计算机文化基础"的课程标准有针对性地进行实践教学，学生可根据自己的兴趣有选择性地拓展技能。

　　本书由重庆机电职业技术学院电子信息工程系计算机应用教研室编写，全书共分 8 章，其中第 1 章由彭光彬编写，第 2 章由邓永生编写，第 3、6 章由余上编写，第 4 章由陈敏编写，第 5 章由郑殿君编写，第 7 章由代俊敏编写，余上负责本书的策划、统稿、审阅和排版。学院副院长朱新民教授、教务处处长李兴正教授给予了大力指导和支持，刘国全、张孝润等老师给予比较好的建议。

　　由于编写时间仓促，加之编者水平有限，难免有不足或疏漏之处，恳请读者批评指正。

编　者

2014 年 6 月

目录 CONTENTS

第1章

Windows 7 系统应用

实验一 ┇ Windows 7 的基本操作

一、实验目的

1. 熟练掌握 Windows 7 的基本知识。

2. 熟练掌握 Windows 7 的基本操作。

二、实验内容

1. 自定义 Windows 7 桌面。

（1）设置桌面主题为风景 Aero 式主题。

（2）设置桌面背景为幻灯片式动态变换桌面，如设置桌面按系统自带的风景照片每隔 1 分钟变换一次，图片位置设置成"适应"模式。

（3）添加"计算机"、"用户的文档"和"控制面板"三个桌面图标。

（4）添加"时钟"和"CPU 仪表盘"两个桌面小工具。

2. 自定义任务栏。

（1）设置任务栏为自动隐藏，位置置于顶端。

（2）设置 Aero Peek 预览桌面。

（3）设置按下电源按钮的操作为"睡眠"模式。

3. 为"计算器"程序在桌面上创建一个快捷图标。

4. 添加"微软拼音 ABC 输入风格"输入法，并设置为默认输入法。

三、实验步骤

1. 自定义桌面

（1）设置 Aero 风景主题。

　　在桌面空白处单击鼠标右键，在弹出的快捷菜单中选择"个性化"命令，此时将打开图 1-1 所示的"个性化"窗口，在该窗口的主题列表框中用鼠标拖动滚动条并单击"风景"图标就可设置成 Aero 风景主题，最后关闭"个性化"窗口即可。

图 1-1　"个性化"窗口

（2）设置幻灯片式动态变换桌面背景。

　　同样的方式，打开图 1-1 所示的窗口，单击窗口底部的"桌面背景"图标，将打开桌面背景窗口，如图 1-2 所示。在窗口上部，确认图片位置为"桌面背景"；在图片列表框中，用鼠标拖动滚动条，勾选相应图片；在窗口底部，确认已经选择"图片位置"为"适应"，并已设置"更改图片时间间隔"为 1 分钟；最后，单击"保存修改"按钮，关闭"个性化"窗口即可。

图 1-2　设置幻灯片式动态桌面背景

（3）添加桌面图标。

同样的方式，打开图 1-1 所示的窗口，在窗口左窗格靠上位置，鼠标单击"更改桌面图标"链接，将打开图 1-3 所示的"桌面图标设置"对话框。在该对话框的"桌面图标"组合框中勾选"计算机"、"用户的文档"和"控制面板"三个复选框，最后单击窗口下边的"确定"按钮，并关闭"个性化窗口"即可。

（4）添加桌面小工具。

在桌面空白处单击鼠标右键，在弹出的快捷菜单中选择"小工具"命令，将打开图 1-4 所示的窗口，在该窗口中，分别双击"CPU 仪表盘"和"时钟"图标，将在桌面添加这两个小工具。

图 1-3　添加桌面图标对话框

图 1-4　添加桌面小工具

2．自定义任务栏

（1）设置任务栏为自动隐藏，位置置于顶端。

在任务栏的空白处，单击鼠标右键，在弹出的快捷菜单中执行"属性"命令，此时将打开"任务栏和开始菜单属性"对话框。在该对话框中，单击"任务栏"选项卡，在该选项卡中的"任务栏外观"组合框中勾选"自动隐藏任务栏"复选框，在同一组合框中将"屏幕上的任务栏位置"设置成"顶部"。

（2）设置 Aero Peek 预览桌面。

在图 1-5 所示的对话框的底部"使用 Aero Peek 预览桌面"组合框中，勾选"使用 Aero Peek 预览桌面"复选框。

（3）设置按下电源按钮的操作为"睡眠"模式。

在图 1-5 所示的对话框中，单击"「开始」菜单"选项卡，在该选项卡中，设置"电源按钮操作"为"睡眠"模式，最后单击底部的"确定"按钮即可。

3．为"计算器"程序在桌面上创建一个快捷图标

依次单击任务栏左侧的"开始"→"所有程序"→"附件"按钮，移动鼠标到"计算器"命令项，单击鼠标右键，在弹出的快捷菜单中单击"发送到"命令，在弹

图 1-5　自定义任务栏

出的下级子菜单中单击"桌面快捷方式"，这样就会在桌面上创建"计算器"的快捷图标，试着双击该图标使用"计算器"程序。

　　4．添加"微软拼音 ABC 输入风格"输入法，并设置为默认输入法

　　移动鼠标到任务栏上的键盘状按钮"　　"上，单击鼠标右键，在弹出的快捷菜单中，执行"设置"命令，此时将弹出"文本服务和输入语言"对话框，如图 1-6 所示。单击"已安装服务"组合框中的"添加"按钮，将弹出图 1-7 所示的"添加输入语言"的对话框。用鼠标拖动垂直滚动条，直到看见"中文（简体，中国）"，勾选"中文（简体）-微软拼音 ABC 输入风格"复选框，单击左上角的"确定"按钮，然后单击右下角的"应用"按钮。在图 1-6 所示的窗口中，鼠标单击"中文（简体）-微软拼音 ABC 输入风格"（即选中该项），单击右边的"上移"按钮，直到该项为第一项，这样即可设置该项为默认输入法。

图 1-6　文本服务和输入语言对话框

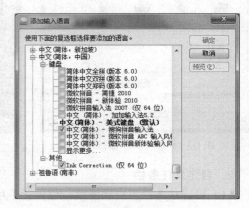

图 1-7　添加输入语言对话框

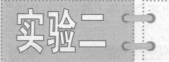　文件及文件夹管理

一、实验目的

　　1．掌握文件和文件夹的常见操作。

　　2．掌握快捷方式的创建操作。

二、实验内容

　　1．文件及文件夹的创建、命名。

　　以学号 126079023566、姓名王同军为例，在桌面上创建如下结构的文件夹和文件。如图 1-8所示。

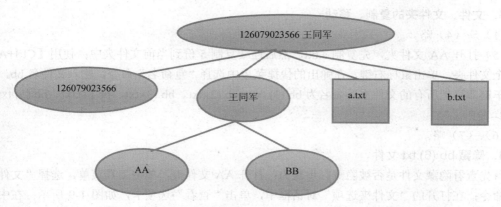

图 1-8 需创建的文件夹结构（请用自己的真实学号、姓名）

2．文件或文件夹的选定。

（1）选定学号文件夹和 a.txt 文件。

（2）选定 4 个文件和文件夹。

（3）选定学号和姓名文件夹及 a.txt 文件。

（4）选定 a.txt 文件后再选定其余文件和文件夹，同时 a.txt 将不被选定（即反向选择）。

3．文件、文件夹的复制、移动。

（1）复制 a.txt 文件到姓名文件夹和 AA 文件夹中。

（2）复制 b.txt 文件到 BB 文件夹中。

（3）重命名姓名文件夹下的 a.txt 文件为 aa.txt。

（4）移动 aa.txt 文件到学号文件夹中。

（5）在 AA 文件夹下，把 a.txt 文件复制 5 份到当前文件夹下，然后把 AA 文件夹下的所有文件重命名为 bb (1).txt、bb (2).txt、bb (3).txt、bb (4).txt、bb (5).txt、bb (6).txt。

（6）删除 bb (3).txt、bb (4).txt、bb (5).txt 这 3 个文件。

（7）从回收站恢复 bb (4).txt 文件。

4．隐藏 bb (6).txt 文件。

5．搜索并复制文件。

把 c:\windows\system32 文件夹下的所有以 system 开头的可执行文件（文件扩展名为.exe）复制到 BB 文件夹下。

6．创建快捷方式。

在 BB 文件夹下应该有一个名为 systeminfo.exe 的文件，请在 AA 文件夹下请为该文件创建一个名为"系统信息"的快捷方式。

三、实验步骤

1．文件及文件夹的创建、命名

略（注意，请以自己的学号、姓名创建文件夹）。

2．文件或文件夹的选定

略（注意，用【Ctrl】键配合鼠标可实现不连续选定，用【Shift】键配合鼠标可实现连续选定）。

3．文件、文件夹的复制、移动

（1）～（4）略。

（5）打开 AA 文件夹，先复制 a.txt，然后连续复制 5 份到当前文件夹中；使用【Ctrl+A】选中 6 个文件夹，单击鼠标右键，在弹出的快捷菜单中选择"重命名"命令，输入文件名 bb，然后按回车键即可把所有的文件重新命名为 bb (1).txt、bb (2).txt、bb (3).txt、bb (4).txt、bb (5).txt、bb (6).txt。

（6）、（7）略。

4．隐藏 bb (6).txt 文件

首先查看隐藏文件是否被隐藏，步骤为：打开 AA 文件夹，单击工具菜单，选择"文件夹选项"命令；在打开的"文件夹选项"对话框中，单击"查看"选项卡，如图 1-9 所示；在中间部分的"高级设置"列表框里，使用鼠标拖动滚动条以找到"不显示隐藏的文件、文件夹或驱动器"项，如图 1-9 中所示状态，则表示为将不显示隐藏文件，否则为显示隐藏文件。在这里，我们需要隐藏"隐藏文件"（另外，请注意"隐藏已知文件类型的扩展名"复选框的作用）。

然后选中 AA 文件夹中的 bb (6).txt 文件，单击鼠标右键，在弹出的快捷菜单中，选择"属性"命令，在弹出的"bb (6).txt 属性"对话框框中勾选下边的"隐藏"复选框，如图 1-10 所示。最后单击"确定"按钮即可隐藏 bb (6).txt 文件。

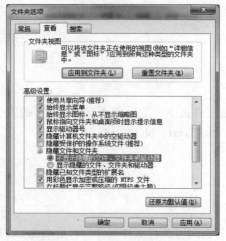

图 1-9　文件、文件夹的隐藏设置

图 1-10　文件的隐藏属性的设置

5．搜索并复制文件

在任意一个文件夹地址栏（标题栏下的输入框）里输入 c:\windows\system32，然后按回车键即可打开 c:\windows\system32 文件夹。在地址栏左边的搜索框里输入 system*.exe，然后按回车键即可搜索到所有以 system 开头的可执行文件，选中所有的搜索出来的文件，复制这些文件到 BB 文件夹中。

6．创建快捷方式

首先打开 AA 文件夹（在 AA 文件夹里创建快捷方式），在内容窗格（即右边窗格）的空白处，单击鼠标右键，在弹出的快捷菜单中选择"新建"命令。在弹出的下级子菜单中，执行"快捷方式"命令会弹出图 1-11 所示的"创建快捷方式"对话框，可以直接在图中的文本框里输入要创建

快捷方式的文件即 systeminfo.exe 的位置，当然也可以通过文本框旁边的"浏览"按钮来输入其位置。单击"下一步"按钮→输入快捷方式的名字"系统信息"，单击"完成"按钮即可为systeminfo.exe 文件在 AA 文件夹下创建一个名为"系统信息"的快捷方式。

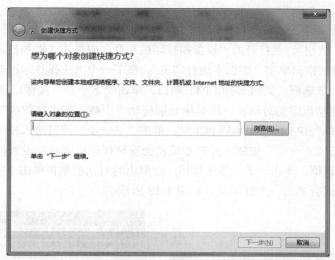

图 1-11　创建快捷方式

实验三　控制面板及系统工具的使用

一、实验目的

1．掌握利用控制面板来对各种硬件、软件进行管理、设置的方法。

2．掌握几种常用工具的使用。

二、实验内容

1．软件的安装、卸载。

（1）安装 QQ 软件。

（2）卸载 QQ 软件。

2．安装打印机。

使用 Windows 7 自带的驱动安装 HP LaserJet P3055 PCL5 打印机。

3．查看当前计算机的 IP 地址和 MAC 地址。

4．使用任务管理器结束程序。

打开 Office Word 程序，通过任务管理器中进程来结束 Word 程序。

5．磁盘维护。

对 C 盘进行磁盘清理和碎片整理。

三、实验步骤

1．略。

2．安装打印机。

打开"控制面板"，单击"设备和打印机"图标或链接（或者用鼠标单击任务栏左边的"开始"→"设备和打印机"按钮），在打开的"设备和打印机"窗口中单击"添加打印机"按钮，在打开的"添加打印机"对话框里单击"添加本地打印机"，在下一个"选择打印机端口"的对话框中选择"使用现有端口"单选框，同时选择 LPT1 端口，单击"下一步"按钮。接下来会弹出图 1-12 所示的安装打印机驱动程序的对话框，用鼠标分别拖动"厂商"和"打印机"列表框，直到分别找到并选中"HP"和"HP LaserJet 3055 PCL5"，单击"下一步"按钮输入打印机名称，一般默认这个名称即可，单击"下一步"按钮，此时系统就会安装打印机驱动并设置好打印机，最后选择"不共享打印机"单选框，单击"下一步"按钮，在弹出的对话框里再单击"完成"按钮，在"设备和打印机"窗口里就会多出一个打印机，如图 1-13 所示。

图 1-12　打印机驱动的安装

图 1-13　"设备和打印机"窗口

3．查看当前计算机的 IP 地址和 MAC 地址

打开"控制面板"，单击"网络和共享中心"图标或链接（用鼠标右键单击桌面上的"网络"图标，在弹出的快捷菜单中选择"属性"命令或通过单击任务栏上的通知区里的"网络"图标也可打开"网络和共享中心"窗口），在打开的"网络和共享中心"窗口，单击左窗格里的"更改适配器设置"链接，在打开的"网络连接"窗口里双击"本地连接"，在弹出的"本地连接 状态"对话框中单击"详细信息（E）…"按钮。接下来会打开"网络连接详细信息"对话框，记录下物理地址和 IPv4 地址的值，分别代表 MAC 地址和 IPv4 地址，另外可能还能看到 IPv6 地址的值，如图 1-14 所示。

4．使用任务管理器结束程序

依次单击"开始"→"所有程序"→"Microsoft Office"→"Microsoft Word 2010"按钮，这样就打开了 Word 程序。接下来将用任务管理器来结束 Word 进程。

鼠标右单击任务栏空白处，在弹出的快捷菜单中选择"启动任务管理器"命令，单击"进程"选项卡，用鼠标拖动滚动条选中映像名称为"WINWORD.EXE"的进程，单击"结束进程（E）"按钮，这样一般就能结束 Word 程序的运行了，对于那些"没有响应"的程序非常有效，如图 1-15 所示。

图 1-14　查看计算机的 MAC 地址和 IP 地址

图 1-15　使用任务管理器来结束"没有响应"的程序

5．磁盘维护

（1）磁盘清理、磁盘碎片整理程序的打开。

依次单击"开始"→"所有程序"→"附件"→"系统工具"按钮，可打开"磁盘清理"或"磁盘碎片整理程序"（或者双击桌面上的"计算机"图标，选中 C 盘，单击鼠标右键，在弹出的菜单中选择"属性"命令，单击"工具"选项卡，单击"立即进行碎片整理"，这样也可以打开磁盘碎片整理程序；单击在"常规"选项卡中间的"磁盘清理"按钮可打开"磁盘清理程序"）。

（2）磁盘清理程序的使用。

打开磁盘清理程序，选择 C 盘来进行清理，单击"确定"按钮，如图 1-16 所示。接下来会计算磁盘清理后释放的空间量，可能需要花几分钟时间。计算好后会弹出图 1-17 所示的对话框，在要删除的文件列表框里，拖动滚动条勾选需要删除的文件（一般来说，这里的文件都可以删除，但也可以根据自己需要来选择），勾选好需删除的文件后，单击"确定"按钮即可一键删除不需要的文件。另外"清理系统文件"按钮是需要管理员权限。

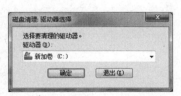

图 1-16　磁盘清理：选择驱动器

图 1-17　磁盘清理：选择要删除的文件

（3）磁盘碎片整理。

打开磁盘碎片整理程序，如图 1-18 所示。在该窗口中可以看到当前默认的碎片整理计划是每周日晚上 1:00 自动运行（计算机没运行不会执行该计划），可以单击旁边的"配置计划"按钮更改该计划（需要管理员权限），也可单击右下角的"磁盘碎片整理"按钮手动执行碎片整理（也需要管理员权限）。在进行碎片整理之前会分析磁盘碎片状况，看是否有必要进行碎片整理。（如果找到碎片，可能会整理多遍。）

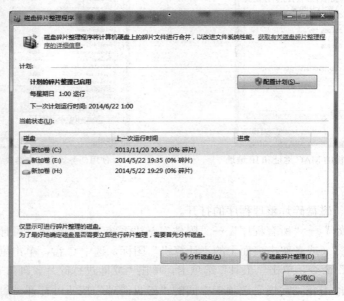

图 1-18　磁盘碎片整理程序

Word 2010 文字处理及编排

实验一 Word 2010 的基本操作

一、实验目的

1. 复习 Word 的基本知识。
2. 掌握 Word 的基本功能，运行环境，启动和退出。
3. 掌握 Word 文档的新建、打开、保存和关闭。
4. 掌握 Word 文档内容的输入、查找与替换操作。
5. 掌握项目符号与编号的设置。

二、实验内容

利用 Word 创建简单的文档并进行编辑，请依次完成下面的实验内容，最终效果如图 2-1 所示。

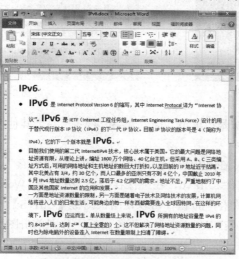

图 2-1　最终效果图

（1）启动 Word 应用程序，新建一个空的文档。

（2）在文档中录入正确的文字与标点符号。

（3）将全文中的"互联网"一词替换为"Internet"。

（4）将全文中的"IPv6"更改格式为二号字体并加粗显示。

（5）对文档中的正文部分添加圆形项目符号。

（6）保存文档，文件名为 IPv6.doc。

三、实验步骤

1．启动 Word 应用程序，新建一个空白文档

如图 2-2 所示，鼠标单击"开始"→"所有程序"→"Microsoft Office"→"Microsoft Word 2010"按钮，进入 Word 程序，系统将自动创建一个空白文档。另外，当您在"计算机"中选择任意一个后缀名".doc"或".docx"的文档回车时，计算机也会为您启动 Word 文档，并打开您选中的文档。您也可以在进入 Word 程序后使用快捷键【Ctrl+N】来创建一个新的文档。

2．在文档中录入正确的文字与标点符号

（1）选择合适的输入法输入图 2-3 所示的"样文 1"中的文字、标点符号等内容。

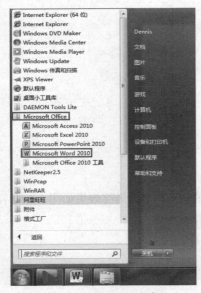

图 2-2　打开 Word 程序

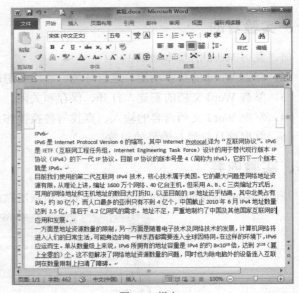

图 2-3　样文 1

① 插入特殊符号的方法是：单击"插入"→"符号"→"其他符号"按钮，打开"符号"对话框，如图 2-4 所示。

② 保存文件的方法是：在文档窗口，单击"文件"→"保存"。在弹出的"另存为"对话框中，在"文件名"中输入文件名 IPv6，在"保存类型"中选择 Word 文档".docx"。或者是单击"快速访问工具栏"上的"保存"按钮，可以使用快捷键【Ctrl+S】来保存 Word 文档。

③ 视图切换的方法是：在 Word 窗口右下角附近，分别单击图 2-5 所示的视图切换按钮，可以切换不同的视图方式。

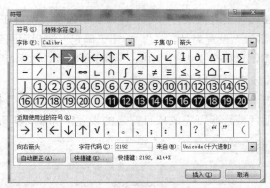

图 2-4　"符号"对话框

（2）在进行插入前，要确认是否正处于插入状态，可观察文档下方状态栏中"插入"区域。插入与改写状态下插入方式不同。

① 插入与改写的转换：在状态栏中的左下角图 2-6 所示的插入改写状态区域看是"插入"还是"改写"。单击该按钮或按【Insert】键可切换插入改写状态。

② 文字的插入：用鼠标单击，将插入点移至想进行插入的位置，然后输入内容即可。

③ 文本移动的方法：选定文本，然后将鼠标指向该文本块的任意位置，鼠标光标变成一个空心的箭头，然后按鼠标左键拖动鼠标到新位置后再松开鼠标或者选定文本，选取剪切（Ctrl+X），将插入点定位到新位置，选取粘贴（Ctrl+V）。

图 2-5　视图切换按钮　　　　　　　　　　　　　　图 2-6　插入改写按钮

3．将全文中的"互联网"一词替换为"Internet"

单击"开始"→"替换"按钮，或者使用快捷键（Ctrl+H）打开"查找与替换"对话框，在"查找内容"文本框内输入"互联网"，在"替换为"文本框中输入"Internet"，如图 2-7 所示，单击"全部替换"按钮，将录入的所有互联网快速地全部更正为 Internet。

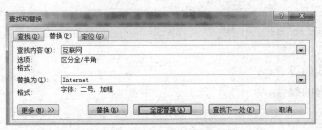

图 2-7　"查找和替换"对话框

4．将全文中的"IPv6"更改格式为二号字体并加粗显示

如果需要突出文档中的某些特定字符，可以通过格式替换的方法将那些字符设置成不同字体格式（如字号："二号"，加粗）。单击"开始"→"替换"按钮，打开"查找和替换"对话框，在"查找内容"和"替换为"的文本框中输入精确的字符，然后将光标定在"替换为"的文本框，单击"更多"→"格式"按钮，在弹出来的快捷菜单中选择"字体"选项，将打开"替换字体"对话框，如图 2-8 所示，可以对文字进行设置，设置好后单击"确定"按钮。

如果要将全文中的"IPv6"更改格式为二号字体并加粗显示，就可在"替换字体"对话框中把"字形"设置为"加粗"，"字号"设置为"二号"，单击"确定"按钮后回到"查找和替换"对话框，然后单击"全部替换"按钮，这样全文中的"IPv6"都变更格式为二号字体并加粗显示。

5．对文档中的正文部分进行项目符号的设置

首先用鼠标选中文档中的正文部分，选择"开始"→"项目符号"按钮，单击"项目符号"右侧的 ▼ ，选择合适的项目符号即可完成项目符号的设置，如图 2-9 所示。

图 2-8 "替换字体"对话框

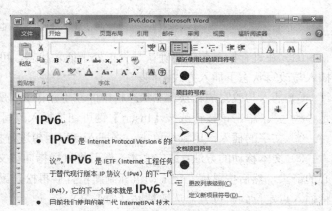

图 2-9 项目符号

Word 2010 文档的排版操作

一、实验目的

1．掌握字符格式的设置。

2．掌握段落格式的设置。

3．掌握页面格式的设置。

4．掌握页眉页脚的设置。

二、实验内容

利用 Word 对现有文档进行编辑与美化，请依次完成下面的实验内容，最终效果如图 2-10 所示。

（1）标题设置为二号字，位置居中。

（2）将正文第一段字体设置为：黑体、四号、倾斜、下划线。

（3）将正文第一段对齐方式设置为两端对齐。

（4）将全文段落设置为首行缩进 2 字符。

（5）将正文间距设置为段前、段后 1 行，行距为固定值 20 磅。

（6）纸张：B5，边距：上下左右页边距均为 2.5cm。

（7）将正文标题 IPv6 设置为页眉，宋体五号，位置居中。

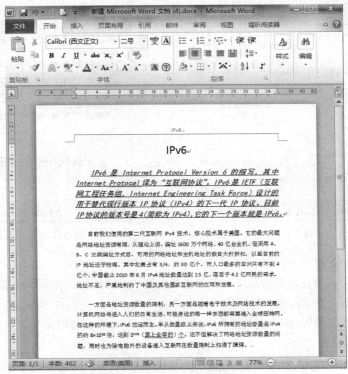

图 2-10　最终效果图

三、实验步骤

1．字体的设置

通常设置字符的格式有两种方法，可以通过工具栏上的按钮对字符进行设置，也可以通过鼠标右键的快捷菜单命令来设置。

（1）通过"开始"功能区的"字体"分组和"段落"分的组对字符格式进行设置，打开文档"IPv6.docx"。利用鼠标选中标题"IPv6"，单击"开始"功能区的字号大小设置框，选择字号大小为"二号"，保存文档。

（2）通过鼠标右键的快捷菜单命令：选中正文部分的第一段，然后鼠标右键单击该段文字，在弹出的菜单中选中"字体"对话框，将字体设置为：黑体、四号、倾斜、下划线，然后单击"确定"按钮，如图 2-11 所示。

2．对齐方式的设置

首先用鼠标选中需要设置的段落，右键单击该段落，从弹出的快捷菜单中选择"段落"命令，打开"段落"对话框。在"对齐方式"下拉列表框中选择"两端对齐"，如图 2-12 所示。

图 2-11　"字体"对话框

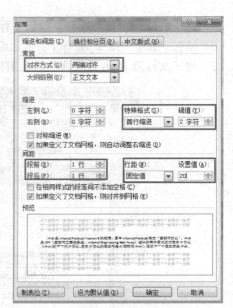

图 2-12　"段落"对话框

3．首行缩进的设置

首先用鼠标选中需要设置的段落，右键单击该段落，从弹出的快捷菜单中选择"段落"命令，打开"段落"对话框。通常段落首行缩进为两个中文字符，因此可以在"段落"对话框中"特殊格式"里面选择"首行缩进"，在"度量值"中输入"2 字符"，单击"确定"按钮，如图 2-12 所示。

4．段内行距的设置

首先用鼠标选中需要设置的段落，右键单击该段落，从弹出的快捷菜单中选择"段落"命令，打开"段落"对话框。可以设置段前、段后的间距，单击"行距"下拉按钮，在下拉列表框中可以选择行距倍数或者在设值文本框中键入准确的固定值，如图 2-12 所示。

5．页面设置的方法

单击"页面布局"→"页面设置"按钮，打开"页面设置"对话框。在"页边距"选项卡中，页边距的上下左右 4 个文本中键入准确的固定值，单击"纸张"页面中"纸张大小"下拉按钮，在下拉列表中可以选择纸张规格或者自定义大小，如图 2-13 所示。

6．页眉和页脚的设置

单击"插入"→"页眉"按钮，此时进入页眉和页脚的编辑状态，并自动打开"页眉和页脚工具"的"设计"选项卡，如图 2-14 所示。页眉和页脚通常显示文档的附加信息，常用来插入时间、日期、页码、单位名称、徽标等。页眉在页面的顶部，页脚在页面的底部，通常页眉也可以添加文档注释等内容。

删除页眉页脚的内容的方法：双击页眉页脚，然后删除里面的内容即可。

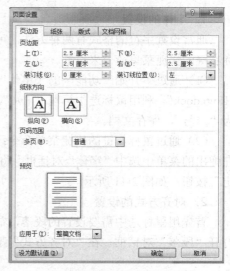

图 2-13　"页面设置"对话框

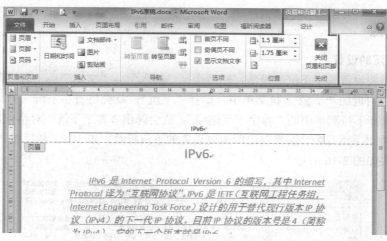

图 2-14　页眉的设置

实验三　Word 2010 的图文混排

一、实验目的

1．掌握格式的设置。

2．掌握图文混排的方法。

二、实验内容

利用 Word 创建文档、录入正确的文字并进行格式设置与图文混排，请依次完成下面的实验内容，最终效果图如图 2-15 所示。

（1）第一自然段首字下沉两行。

（2）第二、三自然段分为两栏，中间加分栏线。

（3）在标题上添加艺术字"姚明"（要求：宋体 36 号）。

（4）在正文后面插入一张合适的图片。

（5）在正文第一段添加边框（要求：方框、黑色、实线、宽度 1 磅）。

（6）在正文第二、三段添加蓝色底纹。

（7）在正文内容右下方绘制"云状标注"图形，图形正中添加文字"姚明真棒"。

（8）将编辑好的文件保存为"姚明.docx"。

图 2-15　最终效果图

三、实验步骤

1．首字下沉的设置

　　首先选定需要设置首字下沉的段落，然后选择"插入"→"文本"→"首字下沉"按钮，单击"首字下沉"附近的 ▾，在下拉菜单中，选择"下沉"，就会将首字下沉三行。如果要进行详细的设置，应选择下拉菜单中的"首字下沉选项"，就会弹出"首字下沉"对话框，在"位置"栏选中"下沉"，在"下沉行数"选择自己所需要设置的下沉行数，如 2 行，然后单击"确定"按钮。首字下沉及效果如图 2-16 所示。

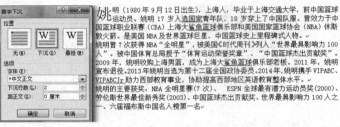

图 2-16　首字下沉及效果对话框

2．分栏的设置

　　首先选定需要设置分栏的段落，然后选择"页面布局"→"分栏"，单击"分栏"附近 ▾，在下拉菜单中，选择"更多分栏"，就会弹出"分栏"对话框。在"分栏"对话框中，在"栏数"的文本框，设置栏数，如 2 栏，并选中右侧的分隔线，单击"确定"按钮。"分栏"对话框及效果如图 2-17 所示。

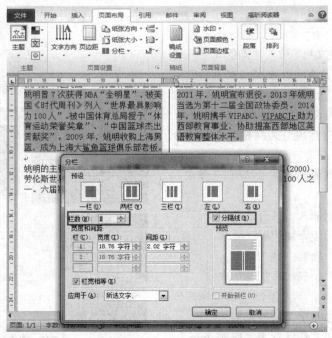

图 2-17　"分栏"对话框及效果

3．插入艺术字

单击"插入"→"艺术字"按钮，在下拉菜单中，选择一种艺术字样式，打开"编辑艺术字文字"的文本框，在文本框中输入文字，并设置文字的字体、字号等格式，最后单击"确定"按钮，设置效果如图 2-18 所示。

图 2-18　艺术字效果图

4．插入图片

单击"插入"→"图片"按钮，打开"插入图片"对话框，选择图片的路径后单击"插入"即可，如图 2-19 所示。

图 2-19　"插入图片"对话框

5．边框的设置

首先选定需要设置边框和底纹的段落，然后单击"页面布局"→"页面边框"按钮，打开"边框和底纹"对话框，选择"边框"选项卡，在"设置"里选择"方框"，在"样式"里选择"实线"，在"颜色"里选择"黑色"，在"宽度"里选择"1 磅"，最后在"应用于"下拉列表框中选择"段落"，单击"确定"按钮，如图 2-20 所示。

图 2-20　"边框和底纹"对话框中的"边框"选项卡

6. 底纹的设置

首先选定需要设置边框和底纹的段落，然后单击"页面布局"→"页面边框"按钮，打开"边框和底纹"对话框，选择"底纹"选项卡，在"填充"中选择颜色为"蓝色"，在"样式"下拉列表框中选择"清除"，最后在"应用于"下拉列表框中选择"段落"，单击"确定"按钮，如图 2-21 所示。

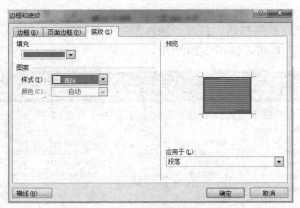

图 2-21　"边框和底纹"对话框中的"底纹"选项卡

"绘制图形"操作：单击"插入"→"形状"按钮，在下拉菜单中选择"标注"，单击云状标注，拖动鼠标左键调整图形大小，在图形中间输入文字"姚明真棒"。

Word 2010 表格操作

一、实验目的

1. 掌握表格的建立方法。
2. 掌握在表格中增加/删除行、列的方法。
3. 掌握表格行高和列宽的设置方法。
4. 掌握合并单元格的方法。
5. 掌握表格文字对齐方式的设置方法。
6. 表格的居中设置方法。
7. 掌握内框线和外框线的设置方法。
8. 掌握表格底纹的设置方法。

二、实验内容

利用 Word 创建文档，创建正确的表格，录入正确的文字并进行格式设置，请依次完成下面的实验内容。最终效果如表 2-1 所示。

表 2-1　　　　　　　　　　　最终效果

学生成绩表				
姓名	语文	数学	英语	平均成绩
李宁	85	90	84	
丁杨	88	85	85	
王磊	78	82	85	
郑恬姗	75	86	83	
孙正刚	65	78	82	

（1）编排表 2-2 所示的表格。

表 2-2　　　　　　　　　　　原始表

姓　　名	语　　文	数　　学	英　语
李宁	85	90	84
丁杨	88	85	85
王磊	78	82	85
郑恬姗	75	86	83
孙正刚	65	78	82

（2）给表格的最后增加一列，列标题为"平均成绩"。

（3）给表格的最上面增加一行，合并单元格后，输入行标题"学生成绩表"。

（4）将表格列宽设置为 2.0cm，行高第一行设置为 1.3cm。其余各行设置为 0.7cm

（5）表格居中。

（6）把表格内框线设置成 1.5 磅红色单实线，外框线设置成 0.5 磅蓝色双实线。

（7）第一行标题行设置成灰色-25%的底纹。

三、实验步骤

1．建立表格

（1）单击"插入"→"表格"按钮，在弹出的下拉菜单中，选择"插入表格"，会弹出"插入表格"对话框。在"插入表格"对话框中的"列数"和"行数"文本框中分别输入"4"和"6"，然后单击"确定"按钮。

（2）按表 2-1 所示的表格输入数据，并调整表格的大小。

2．增加列的操作方法

（1）光标定位。将光标定位到表格最后一列的任意位置。

（2）单击"表格工具"→"布局"→"在右侧插入"按钮，如图 2-22 所示。

图 2-22　右侧插入一列按钮

（3）输入列标题。输入列标题文本"平均成绩"，得到的新表格如表 2-3 所示。

表 2-3　　　　　　　　　　　　　　　　增加一列后的新表

姓　名	语　文	数　学	英　语	平均成绩
李宁	85	90	84	
丁杨	88	85	85	
王磊	78	82	85	
郑恬姗	75	86	83	
孙正刚	65	78	82	

3．增加行，并将第一行 5 个单元格合并

（1）光标定位。将光标定位到表格最上面一行的任意位置。

（2）单击"表格工具"→"布局"→"在上方插入"按钮。

（3）选中第一行 5 个单元格，单击"表格工具"→"布局"→"合并单元格"按钮，输入"学生成绩表"很到新表如表 2-4 所示。

表 2-4　　　　　　　　　　　　　　　　新增一行后的新表

学生成绩表				
姓名	语文	数学	英语	平均成绩
李宁	85	90	84	
丁杨	88	85	85	
王磊	78	82	85	
郑恬姗	75	86	83	
孙正刚	65	78	82	

4．行高列宽设置操作方法

（1）选定整个表格。

（2）单击"表格工具"→"布局"→"属性"按钮，弹出"表格属性"对话框。

（3）设置列宽。选择"表格属性"对话框中的"列"选项卡，在"指定宽度"文本框中输入列宽的数值"2 厘米"。然后单击"后一列"，设置完每一列的列宽。

（4）设置行高。选择"表格属性"对话框的"行"选项卡，选定"指定高度"选项，在右侧的文本框内输入行高的数值。第一行设为"1.3 厘米"，然后单击"下一行"，其余各行设为"0.7 厘米"。

（5）退出设置。单击"确定"按钮，完成对表格行高和列宽的修改。

（6）设置好文字格式。

5．设置表格内文字对齐方式的操作方法

（1）选定整个表格。

（2）右键单击，选择"单元格对齐方式"选项下的"水平居中"子选项，如图 2-23 所示。

6．表格居中操作方法

（1）选中要设置属性的表格

（2）单击"表格工具"→"布局"→"属性"按钮。弹出"表格属性"对话框。

（3）在"表格属性"对话框中，选择"表格"选项卡，设置表格的对齐方式为居中，单击"确定"按钮，就可以使表格在页面内水平居中。

7．边框设置操作方法

（1）选中整个表格。

（2）单击鼠标右键弹出快捷菜单，选择"边框和底纹"命令，弹出"边框和底纹"对话框。

（3）选择"边框"选项卡，单击"自定义"图标。

（4）设置外框线。选择线型为双实线，颜色设置为蓝色，宽度设置为 0.5 磅，应用于表格，如图 2-24 所示。

（5）设置内框线。选择线型为单实线，颜色设置为红色，宽度设置为 1.5 磅，应用于内框线，如图 2-24 所示。

8．底纹设置操作方法

（1）选定单元格。选中要设置底纹的第一行。

（2）单击鼠标右键弹出快捷菜单，选择"边框和底纹"命令，弹出"边框和底纹"对话框。

（3）选择"底纹"选项卡，在"填充"栏中选择填充颜色为灰色-25%，如图 2-25 所示。

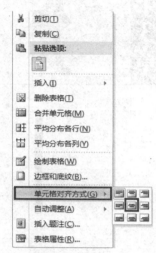

图 2-23 设置对齐方式

图 2-24 "边框和底纹"对话框的"边框"选项卡

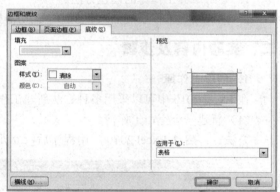

图 2-25 "边框和底纹"对话框的"底纹"选项卡

（4）退出设置。单击"确定"按钮退出设置。

第3章

Excel 电子表格操作

实验一 ⊏ **工作簿与工作表操作**

一、实验目的

1. 熟练掌握工作簿的创建方法。
2. 熟练掌握工作表的插入、删除、移动等操作。

二、实验内容及步骤

1. 创建工作簿

在 Excel 2010 中可以采用多种方法新建工作簿，可以通过下面介绍的方法来实现。

（1）新建一个空白工作簿。

方法一：启动 Excel 2010 应用程序后，立即创建一个新的空白工作簿，如图 3-1 所示。

图 3-1　创建空白工作簿

方法二：在打开 Excel 的一个工作表后，按【Ctrl+N】组合键，立即创建一个新的空白工作簿。

方法三：单击"文件"→"新建"按钮，在右侧选中"空白工作簿"，接着单击"创建"按钮（见图 3-2），立即创建一个新的空白工作簿。

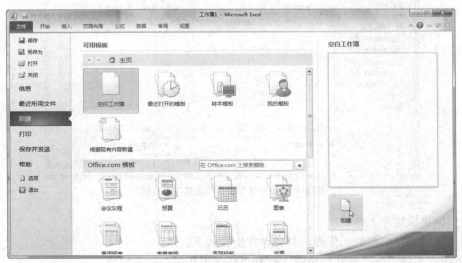

图 3-2　根据模板创建

（2）根据现有工作簿建立新的工作簿。

根据工作簿"学生成绩"建立一个新的工作簿，具体操作步骤如下。

① 启动 Excel 2010 应用程序，单击"文件"→"新建"按钮，打开"新建工作簿"任务窗格，在右侧选中"根据现有内容新建"，如图 3-3 所示。

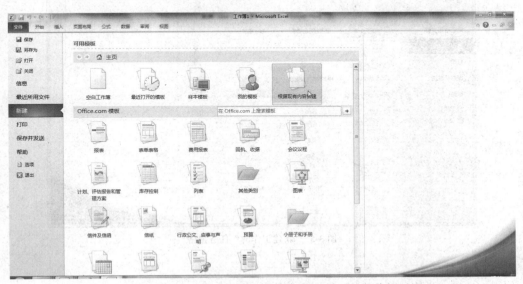

图 3-3　"新建工作簿"任务窗格

② 打开"根据现有工作簿新建"对话框，选择需要的工作簿文档，如"学生成绩"，单击"新建"按钮即可根据工作簿"学生成绩"建立一个新的工作簿，如图 3-4 所示。

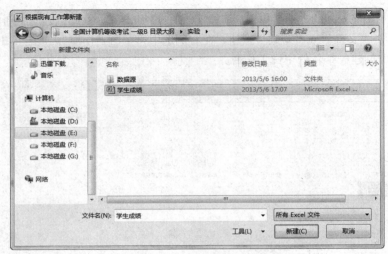

图 3-4　"根据现有工作簿新建"对话框

（3）根据模板建立工作簿。

根据模板建立一个新的工作簿，具体操作步骤如下。

① 单击"文件"→"新建"按钮，打开"新建工作簿"任务窗格。

② 在"模板"栏中有"可用模板"、"Office.com 模板"，可根据需要进行选择，如图 3-5 所示。

图 3-5　"新建工作簿"任务窗格

2. 插入工作表

用户在编辑工作簿的过程中，如果工作表数目不够用，可以通过下面介绍的方法来插入工作表。

① 单击工作表标签右侧的插入工作表按钮 来实现，如图 3-6 所示。

② 单击一次，可以插入一个工作表，如图 3-7 所示。

图 3-6 单击"插入工作表"按钮

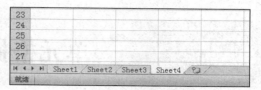

图 3-7 插入 Sheet4 工作表

3．删除工作表

下面介绍删除工作簿中 Sheet4 工作表的方法。

在 Sheet4 工作表标签上单击鼠标右键，在弹出的快捷菜单中选择"删除"命令，即可删除 Sheet4 工作表，如图 3-8 所示。

图 3-8 选择"删除"命令

4．移动或复制工作表

移动或复制工作表可在同一个工作簿内也可在不同的工作簿之间来进行，具体操作步骤如下。

① 选择要移动或复制的工作表，如图 3-9 所示。

② 用鼠标右键单击要移动或复制的工作表标签，选择"移动或复制工作表"命令，打开"移动或复制工作表"对话框，如图 3-10 所示。

③ 在对话框中选择要移动或复制到的目标工作簿名，如"学生成绩"。

④ 在"下列选定工作表之前"列表框中选择把工作表移动或复制到"学生成绩"工作表前。

⑤ 如果要复制工作表，应勾选"建立副本"复选框，否则为移动工作表，最后单击"确定"按钮。

图 3-9 选择要移动或复制的工作表

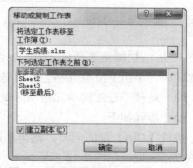

图 3-10 "移动或复制工作表"对话框

一、实验目的

熟练掌握单元格的选择、插入、删除、合并及调整行高、列宽等基本操作。

二、实验内容及步骤

单元格是表格承载数据的最小单位，表格主要的操作也是在单元格中进行的。因此，需要学习有关单元格的操作。

1. 选择单元格

在单元格中输入数据之前，先要选择单元格。

（1）选择单个单元格。

选择单个单元格的方法非常简单，具体操作步骤如下。

将鼠标指针移动到需要选择的单元格上，单击该单元格即可选择，选择后的单元格四周会出现一个黑色粗边框，如图 3-11 所示。

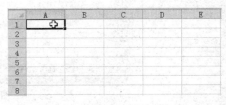

图 3-11　选择单个单元格

（2）选择连续的单元格区域。

要选择连续的单元格区域，可以按照如下两种方法操作。

方法一：拖动鼠标选择。若选择 A3:F10 单元格区域，可单击 A3 单元格，按住鼠标左键不放并拖动到 F10 单元格，此时释放鼠标左键，即可选中 A3:F10 单元格区域，如图 3-12 所示。

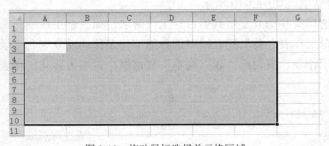

图 3-12　拖动鼠标选择单元格区域

方法二：快捷键选择单元格区域。若选择 A3:F10 单元格区域，可单击 A3 单元格，在按住【Shift】键的同时，单击 F10 单元格，即可选中 A3:F10 单元格区域。

（3）选择不连续的单元格或区域。

操作步骤如下。

按住【Ctrl】键的同时，逐个单击需要选择的单元格或单元格区域，即可选择不连续单元格或单元格区域，如图 3-13 所示。

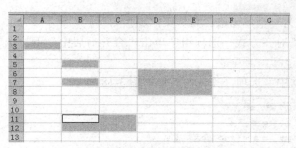

图 3-13   选择不连续的单元格或单元格区域

2．插入单元格

在编辑表格过程中有时需要不断地更改，如规划好框架后发现漏掉一个元素，此时需要插入单元格。具体操作步骤如下。

① 选中 A5 单元格，切换到"开始"→"单元格"选项组，单击"插入"下拉按钮，选择"插入单元格"命令，如图 3-14 所示。

图 3-14   选中 A5 单元格

② 弹出"插入"对话框，选择在选定单元格的前面还是上面插入单元格，如图 3-15 所示。
③ 单击"确定"按钮，即可插入单元格，如图 3-16 所示。

图 3-15   "插入"对话框

图 3-16   插入单元格后的结果

3．删除单元格

删除单元格时，先选中要删除的单元格，在右键菜单中选择"删除"命令，接着在弹出的"删除"对话框中选择"右侧单元格左移"或"下方单元格上移"即可。

4．合并单元格

在表格的编辑过程中经常需要合并单元格，包括将多行合并为一个单元格、多列合并为一个单元格、多行多列合并为一个单元格。具体操作步骤如下。

① 在"开始"→"对齐方式"选项组中单击"合并后居中"下拉按钮，展开下拉菜单，如图 3-17 所示。

② 单击"合并后居中"选项，其合并效果如图 3-18 所示。

图 3-17 "合并后居中"下拉菜单　　　　　　　　图 3-18 合并后的效果

5．调整行高和列宽

当单元格中输入的内容过长时，可以调整行高和列宽，其操作步骤如下。

① 选中需要调整行高的行，切换到"开始"→"单元格"选项组，单击"格式"下拉按钮，在下拉菜单中选择"行高"选项，如图 3-19 所示。

图 3-19 "格式"下拉菜单

② 弹出"行高"对话框，在"行高"文本框中输入要设置的行高值，如图 3-20 所示。

图 3-20 "行高"对话框

　注意　　要调整列宽，其方法类似。

实验三 数据输入

一、实验目的

1．熟练掌握工作表中各种类型的数据输入。

2．熟练掌握数据自动填充和批量输入技巧。

二、实验内容及步骤

在工作表中输入的数据类型有很多，包括数值、文本、日期、货币等类型，还牵涉利用填充的方法实现数据的批量输入。下面来学习 Excel 2010 的数据输入。

1．输入文本

一般来说，输入到单元格中的中文汉字即为文本型数据，另外，还可以将输入的数字设置为文本格式，可以通过下面介绍的方法来实现。

① 打开工作表，选中单元格，输入数据，其默认格式为"常规"，如图 3-21 所示。

图 3-21　默认格式为"常规"

②"序号"列中想显示的序号为"001"，"002"，…，这种形式，直接输入后如图 3-22 左图所示，显示的结果如图 3-22 右图所示（前面的 0 自动省略）。

图 3-22　输入显示的结果

③ 此时则需要先设置单元格的格式为"文本"，然后再输入序号。选中要输入"序号"的单元格区域，切换到"开始"菜单，在"数字"选项组中单击设置单元格格式按钮，弹出"设置单元格格式"对话框，在"分类"列表中选择"文本"选项，如图 3-23 所示。

④ 单击"确定"按钮，再输入以 0 开头的编号时即可正确显示出来，如图 3-24 所示。

图 3-23　"设置单元格格式"对话框

图 3-24　输入以 0 开头的编号

2．输入数值

直接在单元格中输入数字，默认是可以参与运算的数值。但根据实际操作的需要，有时需要设置数值的其他显示格式，如包含特定位数的小数、以货币值显示等。

（1）输入包含指定小数位数的数值。

当输入数值包含小数位时，输入几位小数，单元格中就显示出几位小数。如果希望所有输入的数值都包含几位小数（如 3 位，不足 3 位的用 0 补齐），可以按如下方法设置。

① 选中要输入包含 3 位小数数值的单元格区域，在"开始"→"数字"选项组中单击设置单元格格式按钮，如图 3-25 所示。

图 3-25　单击按钮

② 打开"设置单元格格式"对话框，在"分类"列表中选择"数值"选项，然后根据实际需要设置小数的位数，如图 3-26 所示。

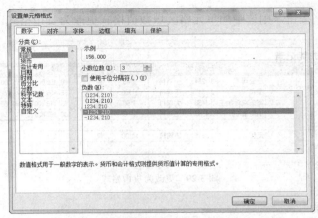

图 3-26 “设置单元格格式”对话框

③ 单击“确定”按钮，在设置了格式的单元格中输入数值时自动显示为包含 3 位小数，如图 3-27 所示。

I6　　f_x　167.8

	A	B	C	D	E	F	G	H	I	J
1	进货记录									
2	序号	日期	供应商名称	编号	货物名称	型号规格	单位	数量	单价	进货金额
3	001		总公司	J-1234	小鸡料	1*45	包	100	156.000	
4	002		家和	J-2345	中鸡料	1*100	包	55	159.500	
5	003		家乐粮食加工	J-3456	大鸡料	1*50	包	65	146.300	
6	004		平南猪油厂	J-4567	肥鸡料	1*50	包	100	167.800	
7	005									
8	006		家和	J-2345	中鸡料	1*100	包			
9	007									
10	008									

图 3-27　显示为包含 3 位小数

（2）输入货币数值。

要让输入的数据显示为货币格式，可以按如下方法操作。

① 打开工作表，选中要设置为“货币”格式的单元格区域，切换到“开始”→“数字”选项组，单击设置单元格格式按钮，弹出“设置单元格格式”对话框。在“分类”列表中选择“货币”选项，并设置小数位数、货币符号的样式，如图 3-28 所示。

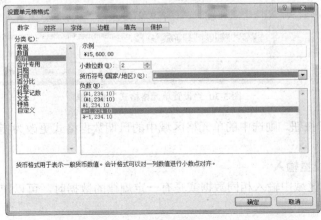

图 3-28 “设置单元格格式”对话框

② 单击"确定"按钮，则选中的单元格区域数值格式更改为货币格式，如图 3-29 所示。

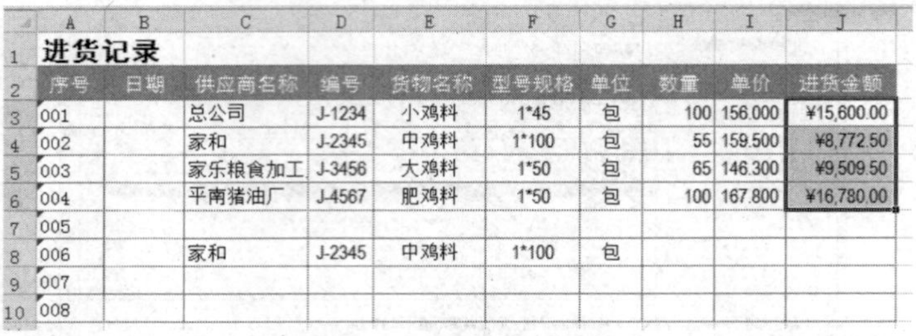

图 3-29 更改为货币格式

3．输入日期数据

要在 Excel 表格中输入日期，需要以 Excel 可以识别的格式输入，如输入"13-3-2"，按回车键则显示"2013-3-2"；输入"3-2"，按回车键后其默认的显示结果为"3 月 2 日"。如果想以其他形式显示数据，可以通过下面介绍的方法来实现。

① 选中要设置为特定日期格式的单元格区域，切换到"开始"→"数字"选项组，单击 按钮，弹出"设置单元格格式"对话框。

② 在"分类"列表中选择"日期"选项，并设置小数位数，接着在"类型"列表框中选择需要的日期格式，如图 3-30 所示。

图 3-30 "设置单元格格式"对话框

③ 单击"确定"按钮，则选中的单元格区域中的日期数据格式更改为指定的格式，如图 3-31 所示。

4．用填充功能批量输入

在工作表特定的区域中输入相同数据或是有一定规律的数据时，可以使用数据填充功能来快速输入。

（1）输入相同数据。

其具体操作步骤如下。

① 在单元格中输入第一个数据（如此处在 B3 单元格中输入"冠益乳"），将光标定位在单元格右下角的填充柄上，如图 3-32 所示。

图 3-31　更改为指定的日期格式

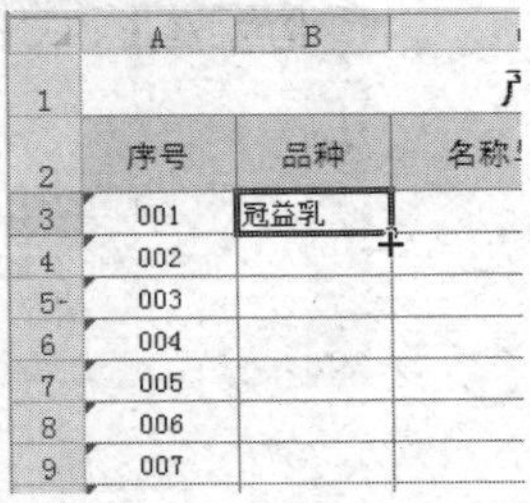

图 3-32　输入第一个数据

② 按住鼠标左键向下拖动（见图 3-33），释放鼠标后，可以看到拖动过的单元格上都填充了与 B3 单元格中相同的数据，如图 3-34 所示。

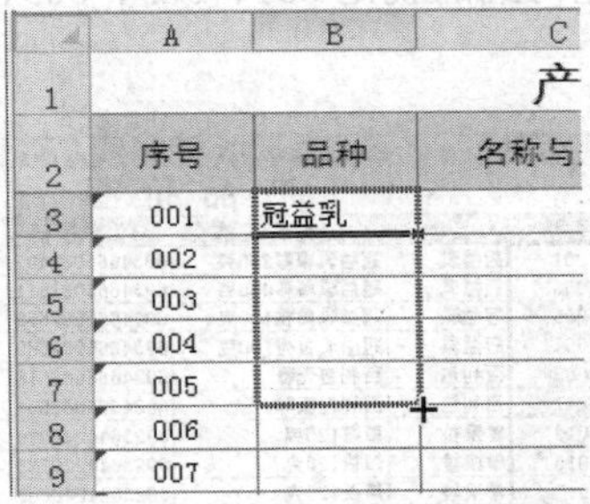

图 3-33　鼠标左键向下拖动

图 3-34　输入相同数据

（2）连续序号、日期的填充。

通过填充功能可以实现一些有规则数据的快速输入，如输入序号、日期、星期数、月份、甲乙丙丁等。要实现有规律数据的填充，需要至少选择两个单元格来作为填充源，这样程序才能根据当前选中的填充源的规律来完成数据的填充。具体操作如下。

① 在 A3 和 A4 单元格中分别输入前两个序号。选中 A3:A4 单元格区域，将光标移至该单元格区域右下角的填充柄上，如图 3-35 所示。

② 按住鼠标左键不放，向下拖动至填充结束的位置，松开鼠标左键，拖动过的单元格区域中会按特定的规则完成序号的输入，如图 3-36 所示。

图 3-35　选中单元格

图 3-36　填充连续序号

③ 日期默认情况下会自动递增，因此要实现连续日期的填充，只需要输入第一个日期，然后按相同的方法向下填充即可实现连续日期的输入，如图 3-37 所示。

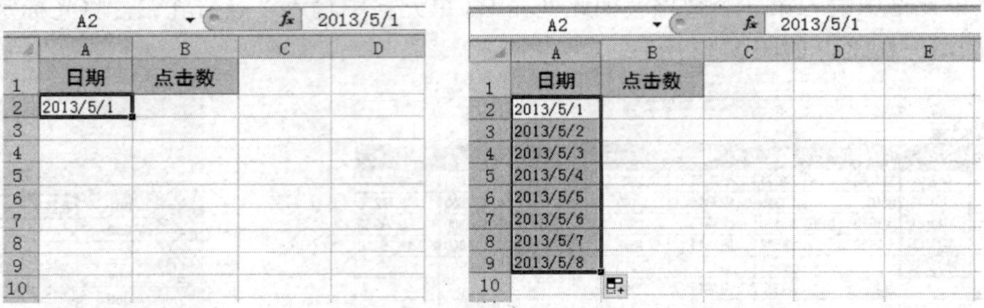

图 3-37　输入连续日期

（3）不连续序号或日期的填充。

如果数据是不连续显示的，也可以实现填充输入，其关键是要将填充源设置好。操作方法如下。

① 第 1 个序号是 001，第 2 个序号是 003，那么填充得到的就是 001、003、005、007…的效果，如图 3-38 所示。

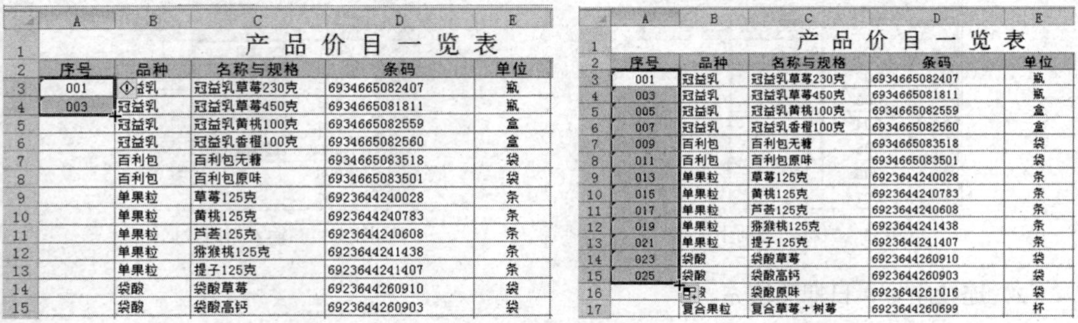

图 3-38　输入连续日期

② 第 1 个日期是 2013/5/1，第 2 个日期是 2013/5/4，那么填充得到的就是 2013/5/1、2013/5/4、2013/5/7、2013/5/10、…的效果，如图 3-39 所示。

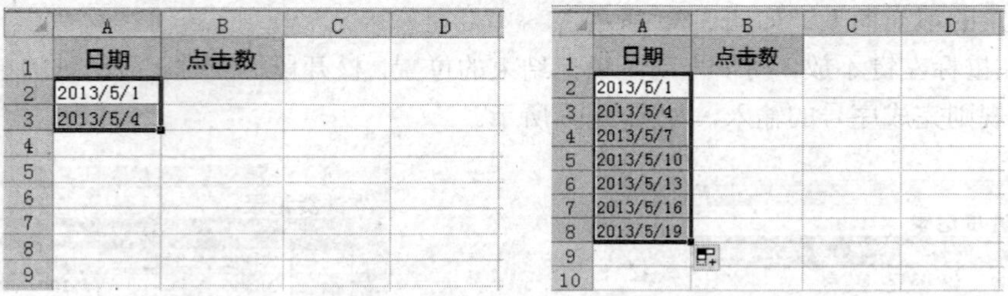

图 3-39　得到填充后的结果

数据有效性设置

一、实验目的

掌握数据有效性的使用。

二、实验内容及步骤

通过数据有效性可以建立一定的规则来限制向单元格中输入的内容，也可以有效地防止输错数据。

1．设置数据有效性

工作表中"话费预算"列的数值为100～300元，这时可以设置"话费预算"列的数据有效性为大于100小于300的整数。具体操作步骤如下。

① 选中设置数据有效性的单元格区域，如B2:B9单元格区域，在"数据"→"数据工具"选项组中单击"数据有效性"下拉按钮，在下拉菜单中选择"数据有效性"命令，如图3-40所示。

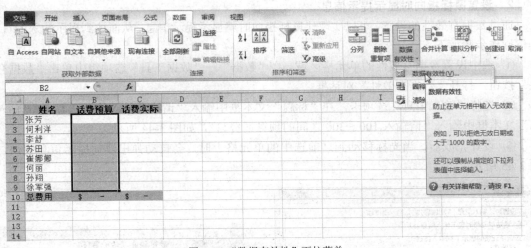

图3-40　"数据有效性"下拉菜单

② 打开"数据有效性"对话框，在"设置"选项卡中选中"允许"下拉列表中的"整数"选项，如图3-41所示。

③ 在"最小值"框中输入话费预算的最小限制金额"100"，在"最大值"框中输入话费预算的最大限制金额"300"，如图3-42所示。

④ 当在设置了数据有效性的单元格区域中输入的数值不在限制的范围内时,会弹出错误提示信息，如图3-43所示。

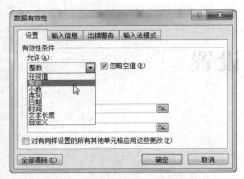

图 3-41　"数据有效性"对话框（1）　　　　图 3-42　"数据有效性"对话框（2）

图 3-43　设置后的效果

2．设置鼠标指向时显示提示信息

通过数据有效性的设置，可以实现让鼠标指向时就显示提示信息，从而达到提示输入的目的。具体操作步骤如下。

① 选中设置数据有效性的单元格区域，在"数据"→"数据工具"选项组中单击"数据有效性"按钮，打开"数据有效性"对话框。

② 选择"输入信息"选项卡，在"标题"文本框中输入"请注意输入的金额"；在"输入信息"文本框中输入"请输入 100～300 之间的预算话费!!"，如图 3-44 所示。

③ 设置完成后，当光标移动到之前选中的单元格上时，会自动弹出浮动提示信息窗口，如图 3-45 所示。

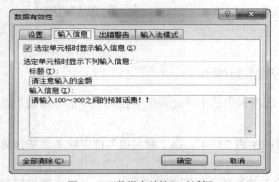

图 3-44　"数据有效性"对话框　　　　　　图 3-45　设置后的效果

数据编辑与整理

一、实验目的

1．掌握数据的移动、修改、复制和粘贴等操作。
2．掌握整理数据的基本操作。

二、实验内容及步骤

将数据输入到单元格后，还需要学习 Excel 2010 的数据编辑与整理的功能，如移动数据、修改数据、复制和粘贴数据，还可以将表格中满足指定条件的数据以特殊的标记显示出来等。

1．移动数据

要将已经输入到表格中的数据移动到新位置，需要先将原内容剪切，再粘贴到目标位置上，可以通过下面介绍的方法来实现。

① 打开工作表，选中需要移动的数据，按【Ctrl+X】组合键（剪切），如图 3-46 所示。

序号	日期	供应商名称	编号	货物名称	型号规格	单位	数量	单价	进货金额
									进货记录
001	13/1/8	总公司	J-1234	小鸡料	1*45	包	100	156.000	￥15,600.00
002	13/1/15	家和	J-2345	中鸡料	1*100	包	55	159.500	￥8,772.50
003	13/1/25	家乐粮食加工	J-3456	大鸡料	1*50	包	65	146.300	￥9,509.50
004	13/2/25	平南猪油厂	J-4567	肥鸡料	1*50	包	100	167.800	￥16,780.00
005	13/3/10								
006		家和	J-2345	中鸡料	1*100	包			
007									
008									

图 3-46　剪切数据

② 选择需要移动的位置，按【Ctrl+V】组合键（粘贴）即可将数据移动，如图 3-47 所示。

序号	日期	供应商名称	编号	货物名称	型号规格	单位	数量	单价	进货金额
									进货记录
001	13/1/8	总公司	J-1234	小鸡料	1*45	包	100	156.000	￥15,600.00
002	13/1/15	家和	J-2345	中鸡料	1*100	包	55	159.500	￥8,772.50
003	13/1/25	家乐粮食加工	J-3456	大鸡料	1*50	包	65	146.300	￥9,509.50
004	13/2/25	平南猪油厂	J-4567	肥鸡料	1*50	包	100	167.800	￥16,780.00
005									
006									
007	13/3/10								
008		家和	J-2345	中鸡料	1*100	包			

图 3-47　粘贴数据后的效果

2．修改数据

如果在单元格中输入了错误的数据，修改数据的方法有以下两种。

方法一：通过编辑栏修改数据。选中单元格，单击编辑栏，然后在编辑栏内修改数据。
方法二：在单元格内修改数据。双击单元格，出现光标后，在单元格内对数据进行修改。

3．复制数据

在表格编辑过程中，经常会出现在不同单元格中输入相同内容的情况，此时可以利用复制的方法以实现数据的快速输入。具体操作步骤如下。

① 打开工作表，选择要复制的数据，按【Ctrl+C】组合键复制，如图 3-48 所示。

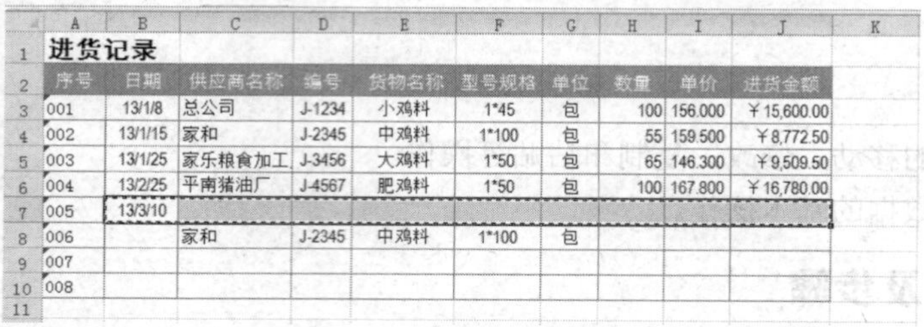

图 3-48　复制数据

② 选择需要复制数据的位置，按【Ctrl+V】组合键即可粘贴，如图 3-49 所示。

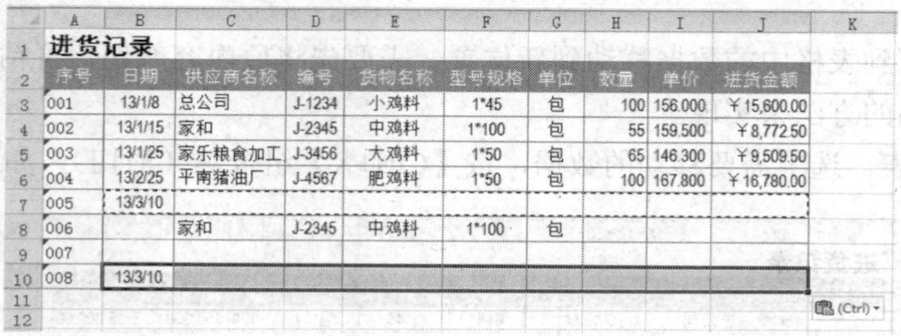

图 3-49　粘贴数据后的效果

4．突出显示员工工资大于 3000 元的数据

在单元格格式中应用突出显示单元格规则时，可以设置满足某一规则的单元格突出显示出来，如大于或小于某一规则。下面介绍设置员工工资大于 3000 元的数据以红色标记显示，操作如下。

① 选中显示成绩的单元格区域，在"开始"→"样式"选项组中单击 条件格式 命令按钮，在弹出的下拉菜单中可以选择条件格式，此处选择"突出显示单元格规则→大于"，如图 3-50 所示。

② 弹出设置对话框，设置单元格值大于"3000"显示为"红填充色深红色文本"，如图 3-51 所示。

图 3-50　"条件格式"下拉菜单

③ 单击"确定"按钮回到工作表中，可以看到所有分数大于 3000 的单元格都显示为红色，

如图 3-52 所示。

图 3-51 "大于"对话框

图 3-52 设置后的效果

5. 使用数据条突出显示采购费用金额

在 Excel 2010 中，利用数据条功能可以非常直观地查看区域中数值的大小情况。下面介绍使用数据条突出显示采购费用金额。

① 选中 C 列中的库存数据单元格区域，在"开始"→"样式"选项组中单击 条件格式 命令按钮，在弹出的下拉菜单中单击"数据条"子菜单，接着选择一种合适的数据条样式。

② 选择合适的数据条样式后，在单元格中就会显示出数据条，如图 3-53 所示。

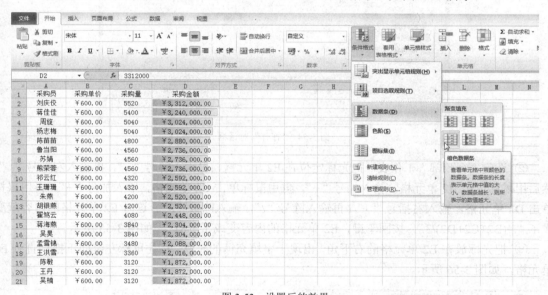

图 3-53 设置后的效果

公式与函数使用

一、实验目的

1. 熟练掌握 Excel 中公式的使用。

2．熟练掌握 IF、SUM、SUMIF、AVERAGE 等常用函数的使用。

二、实验内容及步骤

公式和函数都是 Excel 进行计算的表达式，可以轻松完成各种复杂的计算。下面学习公式输入、函数输入和常用函数的使用。

1．输入公式

打开"员工考核表"工作簿，在"行政部"工作表中，利用公式计算出平均分，具体操作步骤如下。

① 启动 Excel 2010 应用软件，单击"文件"选项卡→"打开"按钮，在弹出的"打开"对话框中选择"员工考核表"工作簿，单击"打开"按钮，如图 3-54 所示。

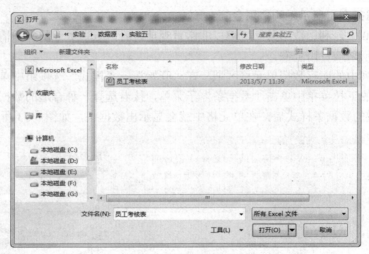

图 3-54　"打开"对话框

② 选定"行政部"工作表。把光标定位在 E2 单元格，先输入等号"="，再输入左括号"("，然后用鼠标单击 B2 单元格，输入加号"+"，再用鼠标单击 C2 单元格，输入加号"+"，再用鼠标单击 D2 单元格，输入右括号")"，再输入除号"/"，输入除数"3"。这时 E2 单元格的内容就变成了"=(B2+C2+D2)/3"，按回车键，E2 单元格的内容变成了"81"，如图 3-55 所示。

③ 把光标放在 E2 单元格的右下角，出现十字填充柄的时候，按住鼠标左键向下拖动直到 E6 单元格，如图 3-56 所示。

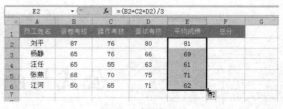

图 3-55　输入公式　　　　　　　　　　　　图 3-56　复制公式

2．输入函数

打开"员工考核表"工作簿，在"行政部"工作表中，利用函数计算出总分。具体操作步骤如下。

① 启动 Excel 2010 应用软件，单击“文件”选项卡→“打开”按钮，在弹出的“打开”对话框中选择“员工考核表”工作簿，单击“打开”按钮。

② 选定“行政部”工作表。把光标定位在 F2 单元格，先输入等号“=”，输入“SUM”函数，再输入左括号“(”，然后用鼠标单击 B2:D2 单元格区域，输入右括号“)”。这时 F2 单元格的内容就变成了“=SUM(B2:D2)”，按回车键，F2 单元格的内容变成了“243”，如图 3-57 所示。

③ 把光标放在 F2 单元格的右下角，出现十字填充柄的时候，按住鼠标左键向下拖动直到 F6 单元格，如图 3-58 所示。

F2 =SUM(B2:D2)

员工姓名	答卷考核	操作考核	面试考核	平均成绩	总分
刘平	87	76	80	81	243
杨静	65	76	66	69	
汪任	65	55	63	61	
张燕	68	70	75	71	
江河	50	65	71	62	

图 3-57 输入函数

F2 =SUM(B2:D2)

员工姓名	答卷考核	操作考核	面试考核	平均成绩	总分
刘平	87	76	80	81	243
杨静	65	76	66	69	207
汪任	65	55	63	61	183
张燕	68	70	75	71	213
江河	50	65	71	62	186

图 3-58 复制公式

3. 常用函数应用

（1）IF 函数的使用。

下面介绍 IF 函数的功能，并使用 IF 函数根据员工的销售量进行业绩考核。

函数功能：如果指定条件的计算结果为 TRUE，IF 函数将返回某个值；如果该条件的计算结果为 FALSE，则返回另一个值。例如，如果 A1 大于 10，“公式 =IF(A1>10,"大于 10","不大于 10") ”将返回“大于 10”，如果 A1 小于等于 10，则返回“不大于 10”。

函数语法：IF(logical_test, [value_if_true], [value_if_false])

参数解释：

- logical_test：必需。计算结果可能为 TRUE 或 FALSE 的任意值或表达式。
- value_if_true：可选。logical_test 参数的计算结果为 TRUE 时所要返回的值。
- value_if_false：可选。logical_test 参数的计算结果为 FALSE 时所要返回的值。

对员工本月的销售量进行统计后，作为主管人员可以对员工的销量进行业绩考核，这里可以使用 IF 函数来实现。

① 选中 F2 单元格，在公式编辑栏中输入公式：“=IF(E2<=5,"差",IF(E2>5,"良",""))”，按回车键即可对员工的业绩进行考核。

② 将光标移到 F2 单元格的右下角，光标变成十字形状后，按住鼠标左键向下拖动进行公式填充，即可得出其他员工业绩考核结果，如图 3-59 所示。

F2 =IF(E2<=5,"差",IF(E2>5,"良",""))

销售员	计算机销售量	摄像头销售量	GPRS销售量	总销售量	业绩考核
刘平	2	1	0	3	差
杨静	3	6	4	13	良
汪任	1	0	4	5	差
张燕	6	8	4	18	良
江河	3	5	1	9	良

图 3-59 员工业绩考核结果

（2）SUM 函数的使用。

下面介绍 SUM 函数的功能，并使用 SUM 函数计算总销售额。

函数功能：SUM 将用户指定为参数的所有数字相加。每个参数都可以是区域、单元格引用、数组、常量、公式或另一个函数的结果。

函数语法：SUM(number1,[number2],...])

参数解释：

- number1：必需。想要相加的第一个数值参数。
- number2,...：可选。想要相加的 2～255 个数值参数。

在统计了每种产品的销售量与销售单价后，可以直接使用 SUM 函数统计出这一阶段的总销售额。

选中 B8 单元格，在公式编辑栏中输入公式："=SUM(B2:B5*C2:C5)"，按【Ctrl+Shift+Enter】组合键（必须按此组合键数组公式才能得到正确结果），即可通过销售数量和销售单价计算出总销售额，如图 3-60 所示。

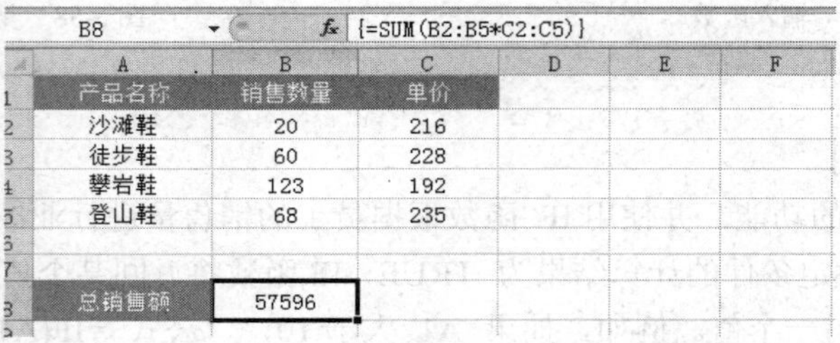

	A	B	C	D	E	F
1	产品名称	销售数量	单价			
2	沙滩鞋	20	216			
3	徒步鞋	60	228			
4	攀岩鞋	123	192			
5	登山鞋	68	235			
6						
7						
8	总销售额	57596				

图 3-60 计算总销售额

（3）SUMIF 函数的使用。

下面介绍 SUMIF 函数的功能，并使用 SUMIF 函数统计各部门工资总额。

函数功能：SUMIF 函数可以对区域（区域：工作表上的两个或多个单元格。区域中的单元格可以相邻或不相邻）中符合指定条件的值求和。

函数语法：SUMIF(range, criteria, [sum_range])

参数解释：

- range：必需。用于条件计算的单元格区域。每个区域中的单元格都必须是数字或名称、数组或包含数字的引用。空值和文本值将被忽略。
- criteria：必需。用于确定对哪些单元格求和的条件，其形式可以为数字、表达式、单元格引用、文本或函数。
- sum_range：可选。要求和的实际单元格（如果要对未在 range 参数中指定的单元格求和）。如果 sum_range 参数被省略，Excel 会对在 range 参数中指定的单元格（即应用条件的单元格）求和。

如果要按照部门统计工资总额，可以使用 SUMIF 函数来实现。

① 选中 C10 单元格，在公式编辑栏中输入公式："=SUMIF(B2:B8,"业务部",C2:C8)"，按回车键即可统计出"业务部"的工资总额，如图 3-61 所示。

② 选中 C11 单元格，在公式编辑栏中输入公式："=SUMIF(B3:B9,"财务部",C3:C9)"，按回车键即可统计出"财务部"的工资总额，如图 3-62 所示。

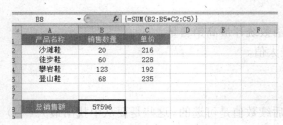

B8 | {=SUM(B2:B5*C2:C5)}

	A	B	C
1	产品名称	销售数量	单价
2	沙滩鞋	20	216
3	徒步鞋	60	228
4	攀岩鞋	123	192
5	登山鞋	68	235
6			
7			
8	总销售额	57596	

图 3-61 “业务部”的工资总额

C11 | =SUMIF(B3:B9,"财务部",C3:C9)

	A	B	C
1	员工姓名	所属部门	工资
2	刘 莉	业务部	1000
3	胡 彬	业务部	1200
4	孙娜娜	财务部	1600
5	马 丽	业务部	1400
6	李文兴	财务部	2000
7	张 浩	业务部	800
8	陈松林	财务部	1500
9			
10	统计“业务部”工资总额		4400
11	统计“财务部”工资总额		5100

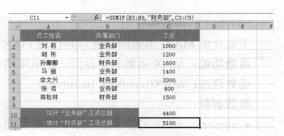

图 3-62 “财务部”的工资总额

（4）AVERAGE 函数的使用。

下面介绍 AVERAGE 函数的使用，并使用 AVERAGE 函数求平均值时忽略计算区域中的 0 值。

函数功能：AVERAGE 函数用于返回参数的平均值（算术平均值）。

函数语法：AVERAGE(number1, [number2], ...)

参数解释：

- Number1：必需。要计算平均值的第一个数字、单元格引用或单元格区域。
- Number2, ...：可选。要计算平均值的其他数字、单元格引用或单元格区域，最多可包含 255 个。

当需要求平均值的单元格区域中包含 0 值时，它们也将参与求平均值的运算。如果想排除该区域中的 0 值，可以按如下方法设置公式。

选中 B9 单元格，在编辑栏中输入公式：“=AVERAGE(IF(B2:B7<>0,B2:B7))”，同时按【Ctrl+Shift+Enter】组合键，即可忽略 0 值求平均值，如图 3-63 所示。

（5）COUNT 函数的使用。

下面介绍 COUNT 函数的功能，并使用 COUNT 函数统计销售记录条数。

函数功能：COUNT 函数用于计算包含数字的单元格及参数列表中数字的个数。使用函数 COUNT 可以获取区域或数字数组中数字字段的输入项的个数。

函数语法：COUNT(value1, [value2], ...)

参数解释：

- value1：必需。要计算其中数字的个数的第一个项、单元格引用或区域。
- value2, ...：可选。要计算其中数字的个数的其他项、单元格引用或区域，最多可包含 255 个。

在员工产品销售数据统计报表中，统计销售记录条数的方法如下。

选中 C12 单元格，在公式编辑栏中输入公式：“=COUNT(A2:C10) ”，按回车键即可统计出销售记录条数为“9”，如图 3-64 所示。

B9 | {=AVERAGE(IF(B2:B7<>0,B2:B7))}

	A	B
1	姓名	分数
2	葛丽	450
3	夏慧	0
4	王磊	580
5	汪洋慧	498
6	方玲	0
7	李纪阳	620
8		
9	平均分数	537

图 3-63 计算平均分数

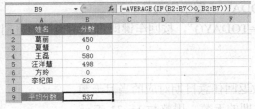

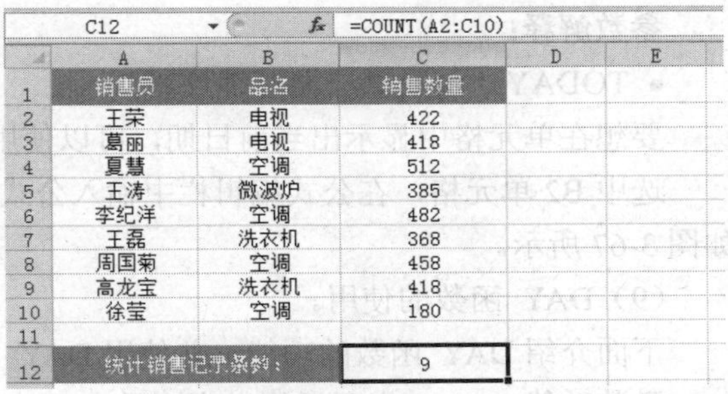

C12 | =COUNT(A2:C10)

	A	B	C
1	销售员	品名	销售数量
2	王荣	电视	422
3	葛丽	电视	418
4	夏慧	空调	512
5	王涛	微波炉	385
6	李纪洋	空调	482
7	王磊	洗衣机	368
8	周国菊	空调	458
9	高龙宝	洗衣机	418
10	徐莹	空调	180
11			
12	统计销售记录条数：		9

图 3-64 统计销售记录条数

（6）MAX 函数的使用。

下面介绍 MAX 函数的功能，并使用 MAX 函数统计最高销售量。

函数功能：MAX 函数表示返回一组值中的最大值。

函数语法：MAX(number1, [number2], ...)

参数解释：

- number1, number2, ...: number1 是必需的，后续数值是可选的。这些是要从中找出最大（小）值的 1～255 个数字参数。

可以使用 MAX 函数返回最高销售量。

选中 B6 单元格，在公式编辑栏中输入公式："=MAX(B2:E4)"，按回车键即可返回 B2:E4 单元格区域中最大值，如图 3-65 所示。

（7）MIN 函数的使用。

下面介绍 MIN 函数的功能，并使用 MIN 函数统计最低销售量。

函数功能：MIN 函数表示返回一组值中的最小值。

函数语法：MIN(number1, [number2], ...)

参数解释：

- number1, number2, ...: number1 是必需的，后续数值是可选的。这些是要从中找出最大（小）值的 1～255 个数字参数。

可以使用 MIN 函数返回最低销售量。

选中 B7 单元格，在公式编辑栏中输入公式："=MIN(B2:E4)"，按回车键即可返回 B2:E4 单元格区域中的最小值，如图 3-66 所示。

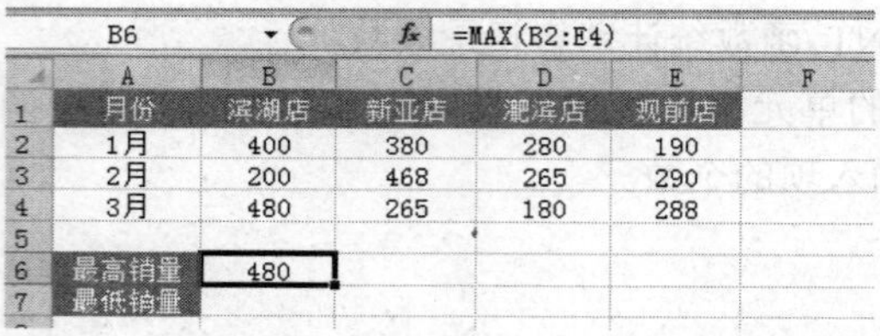

图 3-65　统计最高销售量 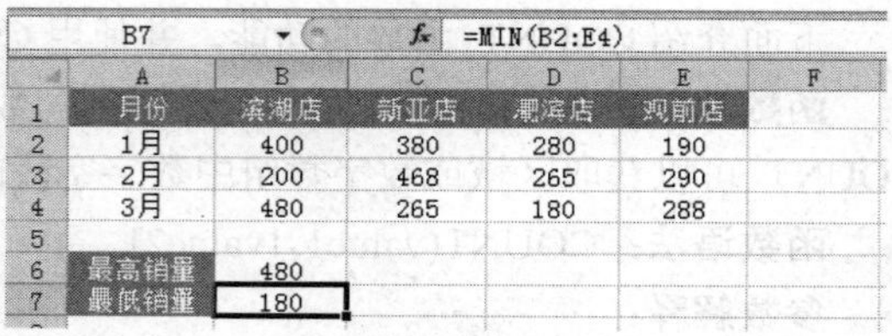　　　　　图 3-66　统计最低销售量

（8）TODAY 函数的使用。

下面介绍 TODAY 函数的功能，并使用 TODAY 函数显示出当前日期。

函数功能：TODAY 返回当前日期的序列号。

函数语法：TODAY()

参数解释：

- TODAY：函数语法没有参数。

要想在单元格中显示出当前日期，可以使用 TODAY 函数来实现。

选中 B2 单元格，在公式编辑栏中输入公式："=TODAY()"，按回车键即可显示当前的日期，如图 3-67 所示。

（9）DAY 函数的使用。

下面介绍 DAY 函数的功能，并使用 DAY 函数返回任意日期对应的当月天数。

函数功能：DAY 表示返回以序列号表示的某日期的天数，用整数 1～31 表示。

函数语法：DAY(serial_number)

参数解释：

● serial_number：必需。要查找的那一天的日期，应使用 DATE 函数输入日期，或者将日期作为其他公式或函数的结果输入。

返回任意日期对应的当月天数的方法如下。

① 选中 B2 单元格，在公式编辑栏中输入公式："=DAY(A2)"，按回车键即可根据指定的日期返回日期对应的当月天数。

② 将光标移到 B2 单元格的右下角，光标变成十字形状后，按住鼠标左键向下拖动进行公式填充，即可根据其他指定日期得到其在当月的天数，如图 3-68 所示。

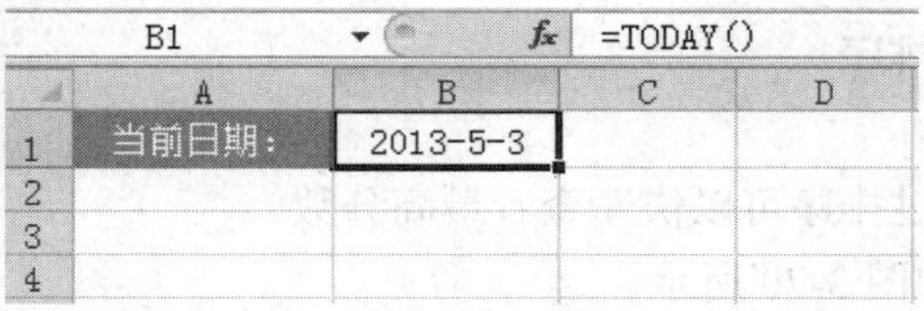

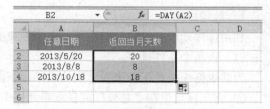

图 3-67　显示出当前日期　　　　　图 3-68　返回任意日期对应的当月天数

（10）LEFT 函数的使用。

下面介绍 LEFT 函数的功能，并使用 LEFT 函数快速生成对客户的称呼。

函数功能：LEFT 根据所指定的字符数，LEFT 返回文本字符串中第一个字符或前几个字符。

函数语法：LEFT(text, [num_chars])

参数解释：

● text：必需。包含要提取的字符的文本字符串。

● num_chars：可选。指定要由 LEFT 提取的字符的数量。

公司接待员每天都需要记录来访人员的姓名、性别、所在单位等信息，当需要在来访记录表中获取各来访人员的具体称呼时，可以使用 LEFT 函数来实现。

① 选中 D2 单元格，在公式编辑栏中输入公式："=C2&LEFT(A2,1)&IF(B2="男","先生","女士")"，按回车键即可自动生成对第一位来访人员的称呼"合肥燕山王先生"。

② 将光标移到 D2 单元格的右下角，光标变成十字形状后，按住鼠标左键向下拖动进行公式填充，即可自动生成其他来访人员的具体称呼，如图 3-69 所示。

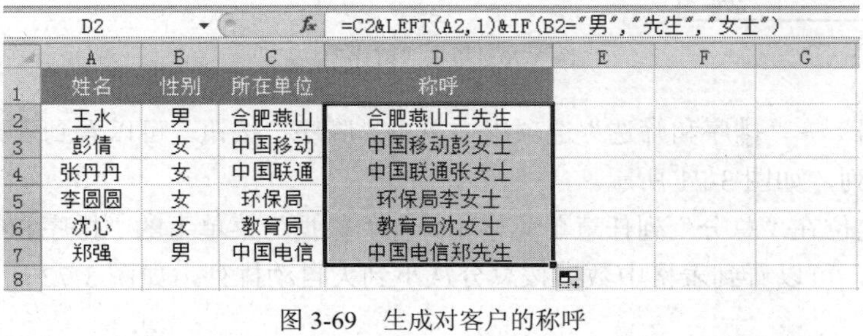

图 3-69　生成对客户的称呼

实验七 数据处理与分析

一、实验目的

掌握 Excel 数据处理与分析，包括数据排序、数据筛选、分类汇总等。

二、实验内容及步骤

1. 数据排序

利用排序功能可以将数据按照一定的规律进行排序。

（1）按单个条件排序。

当前表格中统计了各班级学生的成绩，下面通过排序可以快速查看最高分数。

① 将光标定位在"总分"列任意单元格中，如图 3-70 所示。

姓名	班级	总分
张兴	1	543
徐磊	2	600
陈春华	1	520
刘晓俊	1	453
邓森林	3	600
刘平	1	465
蔡言言	3	500
高丽	2	400
黄平洋	2	515
李洁	3	555
侯淼	1	603
张一水	2	620
陈永春	1	410
张伊琳	3	515
叶琳	2	670

图 3-70 单击"降序"按钮

② 在"数据"→"排序和筛选"选项组中单击"降序"按钮，可以看到表格中的数据按总分从大到小自动排列，如图 3-71 所示。

③ 将光标定位在"总分"列任意单元格中，在"数据"菜单下的"排序和筛选"选项组中单击"升序"按钮，可以看到表格中数据按总分从小到大自动排列，如图 3-72 所示。

	A	B	C	D	E	F
1	姓名	班级	总分			
2	叶琳	2	670			
3	张一水	2	620			
4	侯磊	1	603			
5	徐磊	2	600			
6	邓森林	3	600			
7	李洁	3	555			
8	张兴	1	543			
9	陈春华	1	520			
10	黄平洋	2	515			
11	张伊琳	3	515			
12	蔡言言	3	500			
13	刘平	1	465			
14	刘晓俊	1	453			
15	陈永春	1	410			
16	高丽	2	400			

图 3-71　降序排序结果

	A	B	C	D	E	F
1	姓名	班级	总分			
2	高丽	2	400			
3	陈永春	1	410			
4	刘晓俊	1	453			
5	刘平	1	465			
6	蔡言言	3	500			
7	黄平洋	2	515			
8	张伊琳	3	515			
9	陈春华	1	520			
10	张兴	1	543			
11	李洁	3	555			
12	徐磊	2	600			
13	邓森林	3	600			
14	侯磊	1	603			
15	张一水	2	620			
16	叶琳	2	670			

图 3-72　升序排序结果

（2）按多个条件排序。

双关键字排序用于当按第一个关键字排序出现重复记录再按第二个关键字排序的情况。例如在本例中，可以先按"班级"进行排序，然后再根据"总分"进行排序，从而方便查看同一班级中的分数排序情况。

① 选中表格编辑区域任意单元格，在"数据"→"排序和筛选"选项组中单击"排序"按钮，打开"排序"对话框。

② 在"主要关键字"下拉列表中选择"班级"，在"次序"下拉列表中可以选择"升序"或"降序"，如图 3-73 所示。

图 3-73　设置主要关键字

③ 单击"添加条件"按钮，在列表中添加"次要关键字"，如图 3-74 所示。

图 3-74　添加"次要关键字"

④ 在"次要关键字"下拉列表中选择"总分"，在"次序"下拉列表中选择"降序"，如图

3-75 所示。

⑤ 设置完成后，单击"确定"按钮可以看到表格中首先按"班级"升序排序，对于同一班级的记录，又按"总分"降序排序，如图 3-76 所示。

图 3-75　设置次要关键字　　　　　　　　　　　　图 3-76　排序结果

2．数据筛选

数据筛选常用于对数据库的分析。通过设置筛选条件，可以快速查看数据库中满意特定条件的记录。

（1）自动筛选。

添加自动筛选功能后，下面可以筛选出符合条件的数据。

① 选中表格编辑区域任意单元格，在"数据"→"排序和筛选"选项组中单击"筛选"按钮，则可以在表格所有列标识上添加筛选下拉按钮，如图 3-77 所示。

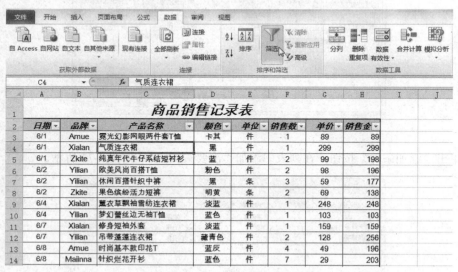

图 3-77　添加筛选下拉按钮

② 单击要进行筛选的字段右侧的 ▼ 按钮，如此处单击"品牌"标识右侧的 ▼ 按钮，可以看到下拉菜单中显示了所有品牌。

③ 取消"全选"复选框，选中要查看的某个品牌，此处选中"Chunji"，如图 3-78 所示。

图 3-78　选中"Chunji"品牌

④ 单击"确定"按钮即可筛选出这一品牌商品的所有销售记录，如图 3-79 所示。

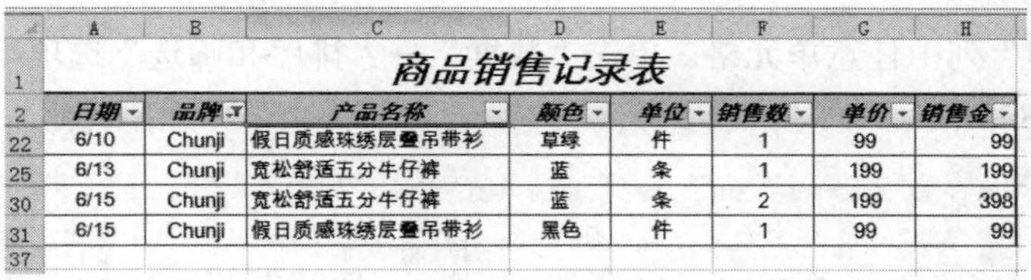

日期	品牌	产品名称	颜色	单位	销售数	单价	销售金
6/10	Chunji	假日质感珠绣层叠吊带衫	草绿	件	1	99	99
6/13	Chunji	宽松舒适五分牛仔裤	蓝	条	1	199	199
6/15	Chunji	宽松舒适五分牛仔裤	蓝	条	2	199	398
6/15	Chunji	假日质感珠绣层叠吊带衫	黑色	件	1	99	99

图 3-79　筛选结果

（2）筛选单笔销售金额大于 5000 元的记录。

在销售数据表中一般会包含很多条记录，如果只想查看单笔销售金额大于 5000 元的记录，可以直接将这些记录筛选出来。

① 在"数据"→"排序和筛选"选项组中单击"筛选"按钮，添加自动筛选。

② 单击"金额"列标识右侧下拉按钮，在下拉菜单中鼠标依次指向"数字筛选"→"大于"，如图 3-80 所示。

图 3-80　设置数字筛选

③ 在打开的对话框中设置条件为"大于"→"5000",如图 3-81 所示。

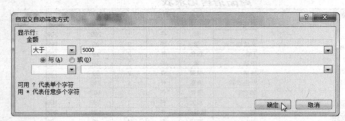

图 3-81 "大于"对话框

④ 单击"确定"按钮即可筛选出满足条件的记录,如图 3-82 所示。

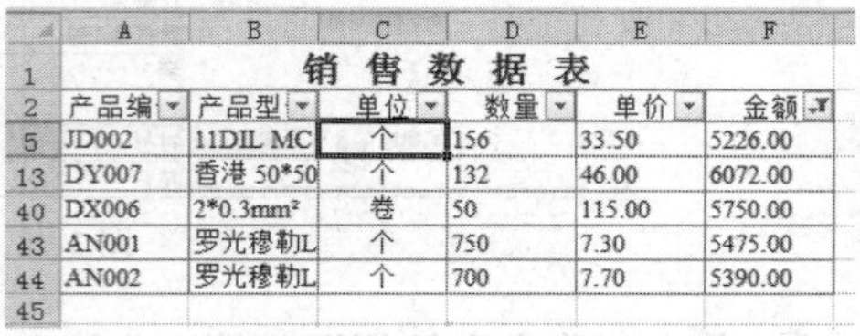

3. 分类汇总

要统计出各个品牌商品的销售金额合计值,则首先要按"品牌"字段进行排序,然后进行分类汇总设置。

	A	B	C	D	E	F
1			销 售 数 据 表			
2	产品编▼	产品型▼	单位▼	数量▼	单价▼	金额▼
5	JD002	11DIL MC	个	156	33.50	5226.00
13	DY007	香港 50*50	个	132	46.00	6072.00
40	DX006	2*0.3mm²	卷	50	115.00	5750.00
43	AN001	罗光穆勒L	个	750	7.30	5475.00
44	AN002	罗光穆勒L	个	700	7.70	5390.00
45						

图 3-82 筛选结果

① 选中"品牌"列中任意单元格。单击"数据"→"排序和筛选"选项组中的"升序"按钮进行排序,如图 3-83 所示。

图 3-83 单击"升序"按钮

② 在"数据"→"分级显示"选项组中单击"分类汇总"按钮(见图 3-84),打开"分类汇总"对话框。

图 3-84 单击"分类汇总"按钮

③ 在"分类字段"下拉列表中选中"品牌"选项,在"选定汇总项"列表框中选中"销售金

额"复选框，如图 3-85 所示。

图 3-85 "分类汇总"对话框

④ 设置完成后，单击"确定"按钮，即可将表格中以"品牌"排序后的销售记录进行分类汇总，并显示分类汇总后的结果（汇总项为"销售金额"），如图 3-86 所示。

	日期	品牌	产品名称	颜色	单位	销售数量	单价	销售金额
			商品销售记录表					
3	6/1	Amue	霓光幻影网眼两件套T恤	卡其	件	1	89	89
4	6/8	Amue	时尚基本款印花T	蓝灰	件	4	49	196
5	6/9	Amue	霓光幻影网眼两件套T恤	白色	件	3	89	267
6	6/10	Amue	华丽蕾丝亮面衬衫	黑白	件	1	259	259
7	6/10	Amue	时尚基本款印花T	蓝灰	件	5	49	245
8	6/11	Amue	花园派对绣花衬衫	白色	件	2	59	118
9		Amue 汇总						1174
10	6/10	Chunji	假日质感珠绣层叠吊带衫	草绿	件	1	99	99
11	6/13	Chunji	宽松舒适五分牛仔裤	蓝	条	1	199	199
12	6/15	Chunji	宽松舒适五分牛仔裤	蓝	条	2	199	398
13	6/15	Chunji	假日质感珠绣层叠吊带衫	黑色	件	1	99	99
14		Chunji 汇总						795
15	6/8	Maiinna	针织烂花开衫	蓝色	件	7	29	203
16	6/9	Maiinna	不规则蕾丝外套	白色	件	3	99	297
17	6/15	Maiinna	不规则蕾丝外套	白色	件	1	99	99
18	6/16	Maiinna	印花雪纺连衣裙	印花	件	1	149	149
19	6/16	Maiinna	针织烂花开衫	蓝色	件	5	29	145
20		Maiinna 汇总						893

图 3-86 分类汇总结果

实验八 图表操作

一、实验目的

掌握在 Excel 中创建图表和编辑图表。

二、实验内容及步骤

在表格中输入数据后，可以使用图表显示数据特征，学习 Excel 2010 的创建图表和编辑图表。

1．创建图表

下面创建柱形图来比较各月份、各品牌销售利润，具体操作步骤如下。

① 选中 A2:G9 单元格区域，切换到"插入"→"图表"选项组，单击"柱形图"按钮打开下拉菜单，如图 3-87 所示。

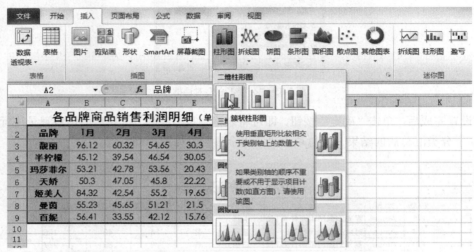

图 3-87　"簇状柱形图"子图表类型

② 单击"簇状柱形图"子图表类型，即可新建图表，如图 3-88 所示。图表一方面可以显示各个月份的销售利润，另一方面也可以对各个月份中不同品牌产品的利润进行比较。

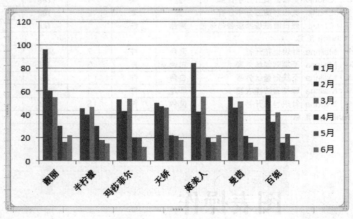

图 3-88　创建柱形图效果

2．添加标题

图表标题用于表达图表反映的主题。有些图表默认不包含标题框，此时需要添加标题框并输入图表标题；或者有的图表默认包含标题框，也需要重新输入标题文字才能表达图表主题。

① 选中默认建立的图表，切换到"图表工具"→"布局"菜单，单击"图表标题"按钮展开下拉菜单，如图 3-89 所示。

② 单击"图表上方"命令选项按钮，图表中则会显示"图表标题"编辑框（见图 3-90），在标题框中输入标题文字即可。

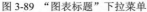

图 3-89 "图表标题"下拉菜单

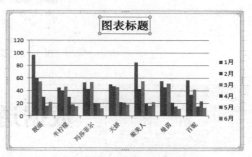

图 3-90 显示"图表标题"编辑框

3．添加坐标轴标题

坐标轴标题用于对当前图表中的水平轴与垂直轴表达的内容做出说明，默认情况下不含坐标轴标题，如需使用需要再添加。

① 选中图表，切换到"图表工具"→"布局"菜单，单击"坐标轴标题"按钮。根据实际需要选择添加的标题类型，此处选择"主要纵坐标轴标题→竖排标题"，如图 3-91 所示。

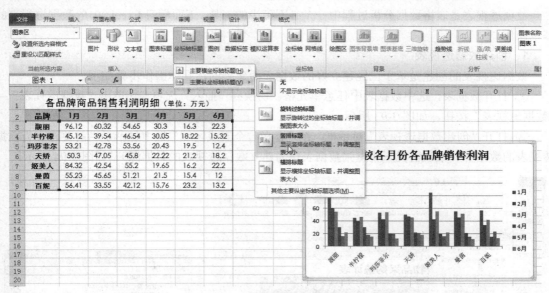

图 3-91 "坐标轴标题"下拉菜单

② 图表中则会添加"坐标轴标题"编辑框（见图 3-92），在编辑框中输入标题名称。

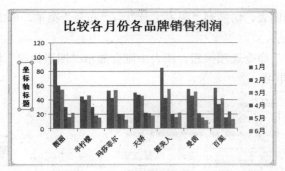

图 3-92　添加"坐标轴标题"编辑框

实验九　数据透视表操作

一、实验目的

1. 掌握数据透视表的创建方法。
2. 掌握对已创建数据透视表的字段添加、更改汇总方式等基本操作。

二、实验内容及步骤

数据透视表是表格数据分析过程中一个必不可少的工具。下面学习 Excel 2010 数据透视表的基本操作。

1. 创建数据透视表

数据透视表的创建是基于已经建立好的数据表而建立的，具体操作步骤如下。

① 打开数据表，选中数据表中任意单元格。切换到"插入"选项卡，单击"数据透视表"→"数据透视表"按钮，如图 3-93 所示。

② 打开"创建数据透视表"对话框，在"选择一个表或区域"框中显示了当前要建立为数据透视表的数据源（默认情况下将整张数据表作为建立数据透视表的数据源），如图 3-94 所示。

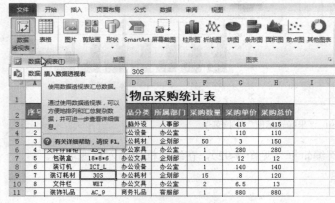

图 3-93　"数据透视表"下拉菜单

图 3-94　"创建数据透视表"对话框

③ 单击"确定"按钮即可新建一张工作表,该工作表即为数据透视表,如图 3-95 所示。

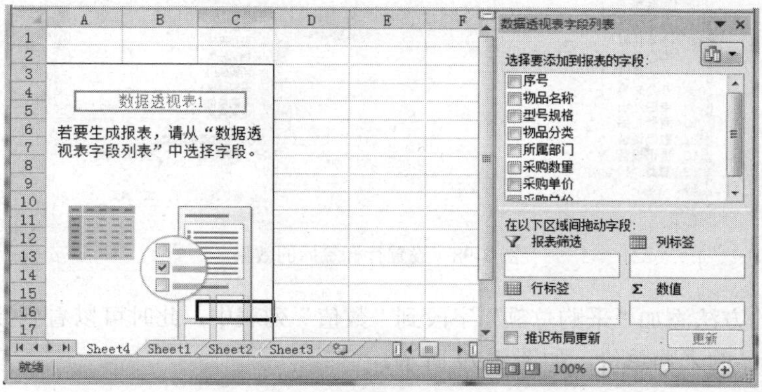

图 3-95 创建数据透视表后的结果

2．更改数据源

在创建数据透视表后,如果需要重新更改数据源,不需要重新建立数据透视表,可以直接在当前数据透视表中重新更改数据源即可。

① 选中当前数据透视表,切换到"数据透视表工具"→"选项"菜单下,单击"更改数据源"按钮,在下拉菜单中单击"更改数据源"按钮,如图 3-96 所示。

图 3-96 单击"更改数据源"按钮

② 打开"更改数据透视表数据源"对话框,单击"选择一个表或区域"右侧的 ▦ 按钮回到工作表中重新选择数据源即可,如图 3-97 所示。

3．添加字段

默认建立的数据透视表只是一个框架,要得到相应的分析数据,则要根据实际需要合理地设置字段。不同的字段布局其统计结果各不相同,首先要学会如何根据统计目的设置字段。下面统计不同类别物品的采购总金额。

图 3-97 "更改数据透视表数据源"对话框

① 建立数据透视表并选中后,窗口右侧可出现"数据透视表字段列表"任务窗格。在字段列表中选中"物品分类"字段,按住鼠标将字段拖至下面的"行标签"框中释放鼠标,即可设置"物品分类"字段为行标签,如图 3-98 所示。

图 3-98　设置行标签后的效果

② 按相同的方法添加"采购总额"字段到"数值"列表中，此时可以看到数据透视表中统计出了不同类别物品的采购总价，如图 3-99 所示。

图 3-99　添加数值后的效果

4．更改默认的汇总方式

当设置了某个字段为数值字段后，数据透视表会自动对数据字段中的值进行合并计算。其默认的计算方式为数据字段使用 SUM 函数（求和），文本的数据字段使用 COUNT 函数（求和）。如果想得到其他的计算结果，如求最大最小值、求平均值等，则需要修改对数值字段中值的合并计算类型。

例如，当前数据透视表中的数值字段为"采购总价"且其默认汇总方式为求和，现在要将数值字段的汇总方式更改为求最大值，具体操作步骤如下。

① 在"数值"列表框中选中要更改其汇总方式的字段，打开下拉菜单，选择"值字段设置"选项，如图 3-100 所示。

图 3-100　选择"值字段设置"命令

② 打开"值字段设置"对话框，选择"值汇总方式"标签，在"计算机类型"列表框中可以选择汇总方式，此处选择"最大值"，如图 3-101 所示。

③ 单击"确定"按钮即可更改默认的求和汇总方式为求最大值，如图 3-102 所示。

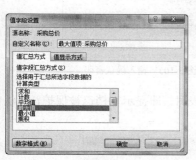

图 3-101 "值字段设置"对话框

图 3-102 更改汇总方式后的效果

实验十 表格安全设置

一、实验目的

熟练掌握工作表、工作簿的安全设置操作。

二、实验内容及步骤

在完成财务报表的编辑后，为了避免其中数据遭到破坏，下面学习使用数据保护功能对报表或工作簿进行保护，以提高数据安全性。

1. 保护当前工作表

设置对工作表保护后，工作表中的内容为只读状态，无法进行更改，可以通过下面操作来实现。

① 切换到要保护的工作表中，在"审阅"→"更改"选项组中单击"保护工作表"按钮（见图 3-103），打开"保护工作表"对话框。

图 3-103 单击"保护工作表"按钮

② 在"取消工作表保护时使用的密码"文本框中，输入工作表保护密码，如图 3-104 所示。

③ 单击"确定"按钮，提示输入确认密码，如图 3-105 所示。

图 3-104　"保护工作表"对话框　　　　　　　　　　图 3-105　输入确认密码

④ 设置完成后，单击"确定"按钮。当再次打开该工作表时，即提示文档已被保护，无法修改，如图 3-106 所示。

图 3-106　提示对话框

2．保护工作簿的结构不被更改

① 在"审阅"→"更改"选项组中单击"保护工作簿"按钮，如图 3-107 所示。

② 打开"保护结构和窗口"对话框，选中"结构"和"窗口"复选框，在"密码"文本框中输入密码，如图 3-108 所示。

图 3-107　单击"保护工作簿"按钮　　　　　图 3-108　"保护结构和窗口"对话框

③ 单击"确定"按钮，接着在打开的"确认密码"对话框中重新输入一遍密码，单击"确定"按钮，如图 3-109 所示。

④ 保存工作簿，即可完成设置。

3．加密工作簿

如果不希望他人打开某工作簿，可以对该工作簿进行加密。设置后，只有输入正确的密码才能打开工作簿。

① 工作簿编辑完成后，单击"文件"→"信息"按钮，在右侧单击"保护工作簿"下拉按钮，在下拉菜单中选择"用密码进行加密"选项。

② 打开"加密文档"对话框，在"密码"文本框中输入密码，单击"确定"按钮，如图 3-110 所示。

图 3-109　"确认密码"对话框　　　　　　　图 3-110　"加密文档"对话框

③ 在打开的"确认密码"对话框中重新输入一遍密码，单击"确定"按钮，如图 3-111 所示。

④ 打开加密文档，弹出"密码"对话框，输入密码，单击"确定"按钮，如图 3-112 所示。

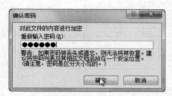

图 3-111　"确认密码"对话框

图 3-112　"密码"对话框

PowerPoint 2010 幻灯片

实验一　PowerPoint 2010 的基本操作

一、实验目的

1. 掌握创建演示文稿的方法。
2. 掌握新建、复制、删除、编辑幻灯片的基本方法。
3. 掌握保存演示文稿的方法。

二、实验内容

制作一个基于模板的校园风光电子相册，效果如图 4-1 所示。

图 4-1　校园风光电子相册

三、实验步骤

（1）单击"文件"选项卡→"新建"→"样本模板"→"现代型相册"。

（2）单击"文件"选项卡→"保存"，在弹出的"另存为"对话框中设置保存位置和文件名，文件名为"校园风光电子相册.ppt"。

（3）按住【Ctrl】键，选择第 5、6 张幻灯片后按下【Delete】键将其删除。

（4）选择第 4 张幻灯片，单击鼠标右键选择"复制幻灯片"后会出现与第 4 张幻灯片一样的第 5、6 张幻灯片。

（5）选择第 1 张幻灯片，单击其中的图片按下【Delete】键将其删除，然后单击"插入来自文件的图片"按钮，在弹出的"插入图片"对话框中选择"校园风光"文件夹中的"A01.jpg"文件，单击"插入"按钮。

（6）在图片下方的文本占位符中单击鼠标，输入相册标题"校园风光电子相册"，如图 4-2 所示。

（7）用上述方法将第 2 张幻灯片中的图片更换为"校园风光"文件夹中的"A02.jpg"文件，单击图片右下角适当调整图片的大小和位置。

（8）在右边的文本占位符中输入相应的说明文字，如图 4-3 所示。

图 4-2　第 1 张幻灯片

图 4-3　第 2 张幻灯片

（9）用上述方法将第 3 张幻灯片中的图片更换为"校园风光"文件夹中的"A03.jpg"、"A04.jpg"、"A05.jpg"文件，单击图片右下角适当调整图片的大小和位置，如图 4-4 所示。

图 4-4　第 3 张幻灯片

（10）在图片下方的文本占位符中输入"校园一角"。

（11）用上述方法分别将第 4、5、6 张幻灯片中的图片更换为"校园风光"文件夹中的"A06.jpg"、"A07.jpg"、"A08.jpg"文件，单击图片右下角适当调整图片的大小和位置。

（12）单击"幻灯片放映"→"从头放映"按钮，观看电子相册的放映效果。

实验二 ⊏⊐ PowerPoint 2010 插入幻灯片对象的操作

一、实验目的

1. 掌握创建幻灯片的方法。
2. 掌握在幻灯片中插入表格的方法。
3. 掌握在幻灯片中插入图片的方法。
4. 掌握在幻灯片中插入横排和纵向文本框的方法。
5. 掌握插入自选图形的方法。
6. 掌握设置超链接的方法。

二、实验内容

利用 PowerPoint 2010 制作一个求职简历的演示文稿,制作好的演示文稿的名称为"求职简历.ppt",效果图如图 4-5 所示。

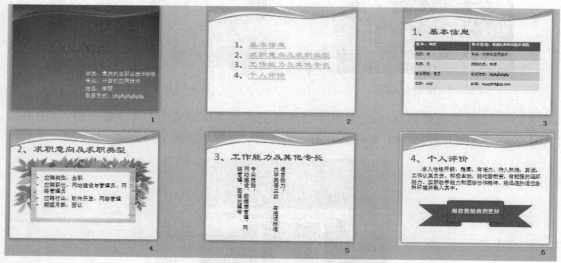

图 4-5 求职简历

三、实验步骤

（1）第 1 张幻灯片的制作。

① 用"流畅.pot"设计模板（或其他设计模板）新建演示文稿"求职简历.ppt"。

② 在第 1 张幻灯片中添加标题"求职简历"，副标题"学院：重庆机电职业技术学院　专业：计算机应用技术　姓名：李丽　联系方式：18989898989"，格式设置为左对齐，如图 4-6 所示。

（2）第 2 张幻灯片的制作。

① 插入新幻灯片。单击"开始"选项卡中的"新建幻灯片"便可新建第 2 张幻灯片。

② 在"单击此处添加副标题"文本框中输入相应的文本，如图 4-7 所示。

图 4-6　第 1 张幻灯片

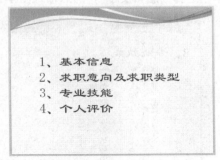

图 4-7　第 2 张幻灯片

（3）第 3 张幻灯片。

① 插入新幻灯片。单击"开始"选项卡中的"新建幻灯片"便可新建第 3 张幻灯片。

② 标题为"1、基本信息"，副标题为图 4-8 所示的表格。

（4）第 4 张幻灯片。

① 插入新幻灯片。单击"开始"选项卡中的"新建幻灯片"便可新建第 4 张幻灯片。

② 标题为"2、求职意向及求职类型"。

③ 单击"插入"→"图片"按钮，在弹出的对话框中找到图 4-9 所示的边框。

④ 单击"插入"→"文本框"→"横排文本框"按钮，然后输入图 4-9 所示的文本。

图 4-8　第 3 张幻灯片

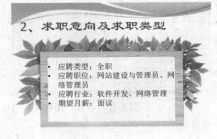

图 4-9　第 4 张幻灯片

（5）第 5 张幻灯片。

① 插入新幻灯片。单击"开始"选项卡中的"新建幻灯片"便可新建第 5 张幻灯片。

② 标题为"3、工作能力及其他专长"。

③ 单击"插入"→"文本框"→"竖排文本框"按钮，然后输入图 4-10 所示的文本。

（6）第 6 张幻灯片。

① 插入新幻灯片。单击"开始"选项卡中的"新建幻灯片"便可新建第 6 张幻灯片。

② 标题为"4、个人评价"。

③ "单击此处添加副标题"文本框中输入相应的文本，如图 4-11 所示。

④ 单击"插入"→"形状"→"横卷性"按钮，在"横卷形"上单击鼠标右键，在弹出的菜单中选择"编辑文字"，然后输入图 4-11 所示的文本。

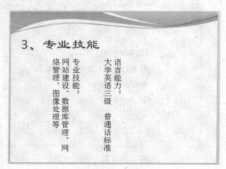

图 4-10　第 5 张幻灯片

图 4-11　第 6 张幻灯片

（7）第 2 张幻灯片中超链接的设置。

选择第 2 张幻灯片中的"基本信息"，单击鼠标右键在弹出的菜单中选择"超链接"，弹出图 4-12 所示的对话框。其中，将"连接到："设置为"本文档中的位置"，在"请选择文档中的位置："中选择第 3 张幻灯片，依次将"求职意向及求职类型"、"专业技能"、"个人评价"链接到第 4、5、6 张幻灯片，如图 4-13 所示。

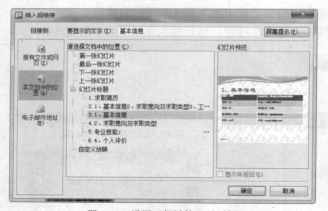

图 4-12　设置"超链接"对话框

图 4-13　设置超链接后的第 2 张幻灯片

（8）单击"幻灯片放映"→"从头放映"按钮，观看放映效果。

　新年贺卡的制作

一、实验目的

1．掌握幻灯片背景图片和背景颜色的设置方法。

2．掌握幻灯片切换效果的设置方法。

3．掌握设置对象动画效果的方法。

二、实验内容

利用 PowerPoint 2010 制作一个求职简历的演示文稿,制作好的演示文稿的名称为"新年贺卡.ppt"，效果如图 4-14 所示。

图 4-14　新年贺卡

三、实验步骤

（1）第 1 张幻灯片。

① 单击"设计"→"背景样式"→"设置背景格式"按钮，如图 4-15 所示。

② 在弹出的对话框中选择"图片或纹理填充"，单击"文件"按钮，在弹出的"插入图片"对话框中选择"素材"文件夹中的"图片 1"，如图 4-16 所示。

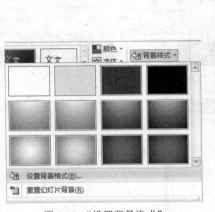

图 4-15　"设置背景格式"

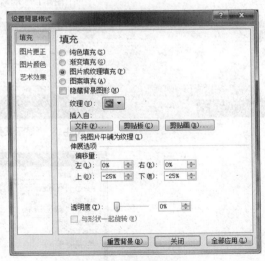

图 4-16　"设置背景格式"对话框

③ 单击"插入"→"艺术字"按钮，选择合适的艺术字形，在弹出的文本框中输入"新年快乐"。选择"新年快乐"，然后单击"动画"→"飞入"按钮，在"效果选项"中选择"自左上部"，如图 4-17 所示。默认情况下，飞入效果为"非常快（0.5 秒）"，如果要更改飞入的速度，则通过单击"其他效果选项"，如图 4-18 所示，在弹出的"飞入"对话框中选择"计时"选项卡，将"期

间"设置为"中速","延迟"为 2 秒,如图 4-19 所示。

图 4-17 动画"效果选项"

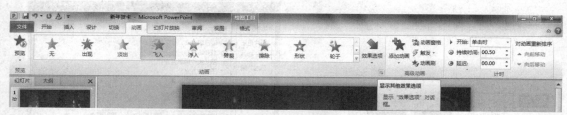

图 4-18 "显示其他效果选项"按钮

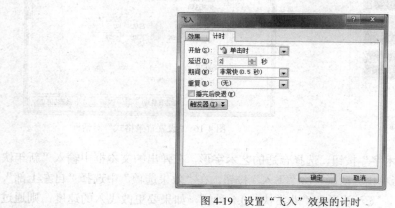

图 4-19 设置"飞入"效果的计时

④"单击此处添加副标题"文本框中"Happy New Year",选择该文本,单击"动画"→"添

加动画"→"旋转"按钮，如图4-20所示。

图 4-20 "添加动画"

（2）第 2 张幻灯片。

要求：设置幻灯片背景颜色为"深红色"至"浅红色"纵向渐变，并插入图4-21所示的图片。

① "单击此处添加标题"文本框中输入"新年快乐"，字体为隶书，字号66。

② 单击"设计"→"背景样式"→"设置背景格式"按钮，在弹出的对话框中选择"渐变填充"，在预设颜色中选择"红日西斜"，如图4-22所示。

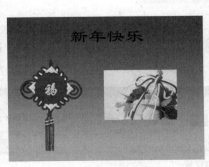

图 4-21 第 2 张幻灯片

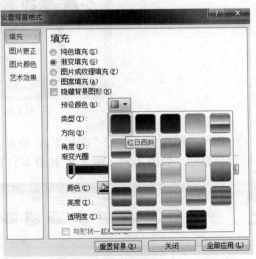

图 4-22 "设置背景格式"

③ "渐变光圈"中将"停止点 2"、"停止点 3"、"停止点 4"通过"删除渐变光圈"按钮删除停止点 2、3、4，然后单击"停止点 1"将其"颜色"设置为"深红色"，单击"停止点 5"将其"颜色"设置为"浅红色"，如图 4-23 所示。

图 4-23　设置背景的渐变效果

④ 单击"插入"→"图片"按钮，在弹出的对话框中选择"素材"文件夹中的"图片 2"和"图片 3"，如图 4-24 所示。

图 4-24　插入图片

⑤ 选择"图片 2"，单击"图片工具 格式"→"删除背景"→"保留更改"按钮，将"图片 2"的背景删除，如图 4-25、图 4-26 和图 4-27 所示。

图 4-25　删除"图片 2"的背景

图4-26 "保留更改"

图4-27 删除背景后的效果

⑥ 分别选择"图片2"和"图片3",通过"动画"选项卡设置其动画效果。

(3)第3张幻灯片。

制作第3张幻灯片,如图4-28所示。

① 单击"设计"→"背景样式"→"设置背景格式"按钮,在"设置背景格式"对话框中选择"图片或纹理填充",如图4-29所示,单击"文件"按钮,在弹出的对话框中选择"素材"文件夹中的"图片4"。

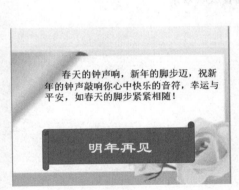

图4-28 第3张幻灯片

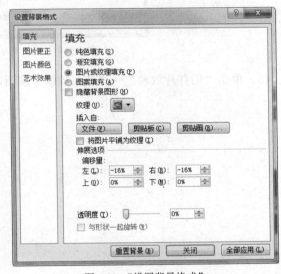

图4-29 "设置背景格式"

② 在"单击此处添加副标题"文本框中输入"春天的钟声响,新年的脚步迈,祝新年的钟声敲响你心中快乐的音符,幸运与平安,如春天的脚步紧紧相随!"选择该文本,设置动画效果。

③ 单击"插入"→"形状"→"横卷轴"按钮,绘制横卷轴并输入"明年再见",选择横卷轴设置动画效果。

(4)设置幻灯片播放效果。

① 灯片切换。单击"切换"选项卡,选择幻灯片切换方式,在"换片方式"中选择"设置自动换片时间"为2秒,如图4-30所示。

图 4-30　幻灯片切换

② 设置动画播放时延。单击"动画"→"延迟"按钮，设置为 2 秒。

③ 灯片放映。单击"幻灯片放映"→"设置幻灯片放映"按钮，在弹出的对话框中选择"循环放映，按 ESC 键终止"，如图 4-31 所示。

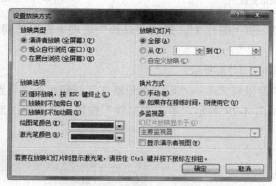

图 4-31　设置放映方式为循环放映

（5）单击"幻灯片放映"→"从头放映"按钮，观看放映效果。

第 5 章

Access 2010 数据库应用

建议：非计算机专业学生完成实验一、实验二、实验三；计算机专业学生完成本章全部实验。

实验一 ── 新建与保存数据库

一、实验目的

掌握 Access 2010 数据库的新建与保存。

二、实验内容及步骤

1. 新建空白数据库

在对数据库进行编辑前，首先要建立空白数据库，具体操作步骤如下。

① 单击"开始"→"所有程序"→"Microsoft Office"→"Microsoft Access 2010"菜单按钮，启动 Access 2010，如图 5-1 所示。

② 在打开的窗口中选择"新建"→"空数据库"选项，然后单击"创建"按钮，如图 5-2 所示。

图 5-1　启动 Access 2010 选项

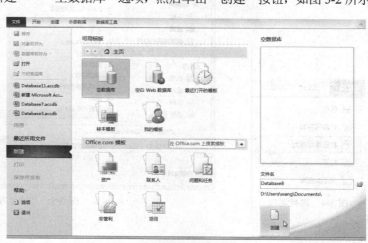

图 5-2　创建数据库

③ 此时即可完成数据库的创建，如图 5-3 所示。

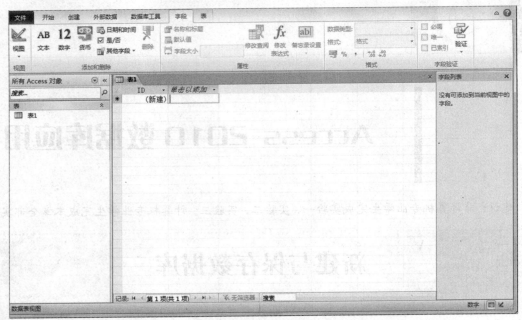

图 5-3 完成创建数据库

2. 保存数据库

新建数据库后，用户可以将数据库保存下来，具体操作步骤如下。

① 单击"文件"→"数据库另存为"按钮，如图 5-4 所示。

② 在打开的"另存为"对话框中选择保存位置，单击"保存"按钮即可，如图 5-5 所示。

图 5-4 选择选项　　　　　　　　　　图 5-5 "另存为"对话框

 建立学生信息表

一、实验目的

建立数据库后，用户可以根据需要建立学生信息表。

二、实验内容及步骤

1. 创建表

在数据库中建立学生信息表，首先需要创建表，具体操作如下。

① 打开数据库，在"创建"→"表格"选项组中单击"表"按钮，如图 5-6 所示。

② 此时窗口中会出现新建的表，如图 5-7 所示。

图 5-6　选择按钮

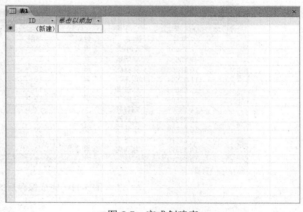

图 5-7　完成创建表

2. 向表中输入数据

创建好表后，还需要向表中输入数据，具体操作步骤如下。

学生信息表的内容包括学号、姓名、性别、年龄、政治面貌、籍贯、联系方式等内容，在表中的文本框中直接输入即可，如图 5-8 所示。

ID	字段1	字段2	字段3	字段4	字段5	字段6	字段7	单击以
7	学号	姓名	性别	年龄	政治面貌	籍贯	联系方式	
8	23501	马小虎	男	20	团员	湖北	13635261796	
9	23502	徐娟娟	女	19	团员	湖南	15218796355	
10	23503	张磊磊	男	18	团员	重庆	15836954426	
11	23504	周伟明	男	19	党员	山西	13739234868	
12	23505	徐道海	男	17	团员	安徽	18819224563	
13	23506	王鹏飞	男	19	团员	江苏	13586987452	
14	23507	刘敏敏	女	17	党员	福建	13866894365	
15	23508	王茜茜	女	18	团员	广东	13639852366	
16	23509	李菲菲	女	20	团员	云南	15912554263	
17	23510	沈娟娟	女	19	团员	广西	15219224783	
18	23511	赵飞虎	男	20	党员	新疆	13245883685	
19	23512	陈晨	女	17	团员	内蒙古	13512983562	
*	(新建)							

图 5-8　输入数据

3．保存学生信息表

学生信息表创建完成后，可以将其保存下来，具体操作步骤如下。

① 在"数据库"窗口中，单击"文件"→"保存"按钮，如图 5-9 所示。

② 打开"另存为"对话框，在"表名称"栏下的文本框中输入"学生信息表"，如图 5-10 所示。

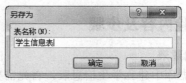

图 5-9　选择选项　　　　　　　　　　　　　　　　图 5-10　输入名称

③ 单击"确定"按钮即可完成保存，如图 5-11 所示。

ID	字段1	字段2	字段3	字段4	字段5	字段6	字段7
7	学号	姓名	性别	年龄	政治面貌	籍贯	联系方式
8	23501	马小虎	男	20	团员	湖北	13635261796
9	23502	徐娟娟	女	19	团员	湖南	15218796355
10	23503	张磊磊	男	18	团员	重庆	15836954426
11	23504	周伟明	男	19	党员	山西	13739234868
12	23505	徐道海	男	17	团员	安徽	18819224563
13	23506	王鹏飞	男	19	团员	江苏	13586987452
14	23507	刘敏敏	女	17	党员	福建	13866894365
15	23508	王茜茜	女	18	团员	广东	13639852366
16	23509	李菲菲	女	20	团员	云南	15912554263
17	23510	沈嫚娟	女	19	团员	广西	15219224783
18	23511	赵飞虎	男	20	党员	新疆	13245883685
19	23512	陈晨	女	17	团员	内蒙古	13512983562
*	(新建)						

图 5-11　完成保存后的效果

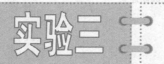 学生信息表的编辑

一、实验目的

创建学生信息表后，还需要对学生信息表进行编辑。

二、实验内容及步骤

1．修改字段名称

如果对学生信息表中的字段名称不满意，可以修改字段名称，具体操作如下。

① 打开"学生信息表"，选中需要修改的字段，如选中"字段 3"，如图 5-12 所示。

图 5-12　选中字段

② 在"字段"→"属性"选项组中单击"名称和标题"按钮，如图 5-13 所示。

③ 打开"输入字段属性"对话框，在对应的名称、标题和说明后的文本框中输入内容，如图 5-14 所示。

图 5-13　单击"字段"按钮

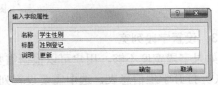

图 5-14　输入字段属性

④ 单击"确定"按钮，完成修改设置，如图 5-15 所示。

图 5-15　完成设置后的效果

2．将字段设置居中

在编辑学生信息表时，可根据需要让选中的字段居中，具体操作步骤如下。

① 打开"学生信息表"，选中需要修改的字段，如选中"字段 5"，如图 5-16 所示。

图 5-16　选中字段

② 在"开始"→"文本格式"选项组中单击"居中"按钮，如图 5-17 所示。

③ 此时选中的字段就居中了，如图 5-18 所示。

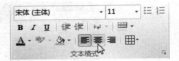

图 5-17　单击"居中"按钮

图 5-18　居中设置

3．设置字段列宽

如果字段宽度不够，用户可以根据需要进行精确设置，具体操作步骤如下。

① 打开学生信息表，选中需要设置列宽的字段，如选中"字段 7"，单击鼠标右键，在弹出的下拉列表中选择"字段宽度"选项，如图 5-19 所示。

② 打开"列宽"对话框，在"列宽"文本框中输入具体数值，如输入"18"，单击"确定"按钮，如图 5-20 所示。

③ 此时"字段 7"的列宽就变成新设置的宽度了，如图 5-21 所示。

图 5-19　选择"字段宽度"命令　　图 5-20　设置列宽　　图 5-21　设置完成后的效果

4．插入字段

用户可以根据需要插入字段，具体操作步骤如下。

① 打开"学生信息表"，选中其中一个字段，单击鼠标右键，在弹出的下拉列表中选择"插入字段"选项，如图 5-22 所示。

② 此时即可在窗口中看到新插入的字段，如图 5-23 所示。

图 5-22　"插入字段"命令

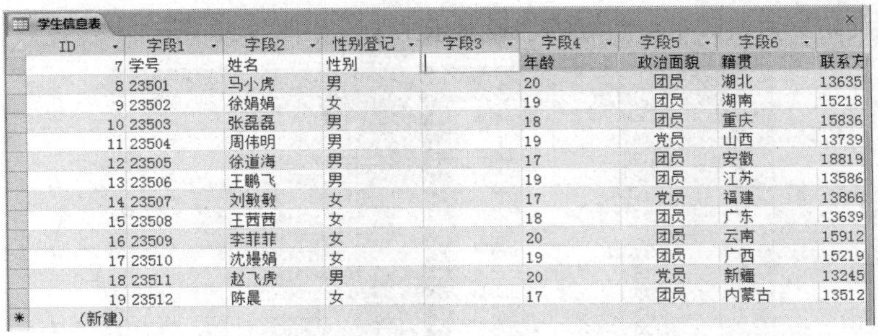

图 5-23 插入字段

5．字段的隐藏/显示设置

（1）隐藏字段。

用户可以根据需要将选中的字段隐藏起来，具体操作步骤如下。

① 打开"学生信息表"，选中需要隐藏的字段，单击鼠标右键，在弹出的下拉列表中选择"隐藏字段"选项，如图 5-24 所示。

② 此时即可将选中的字段隐藏起来，如图 5-25 所示。

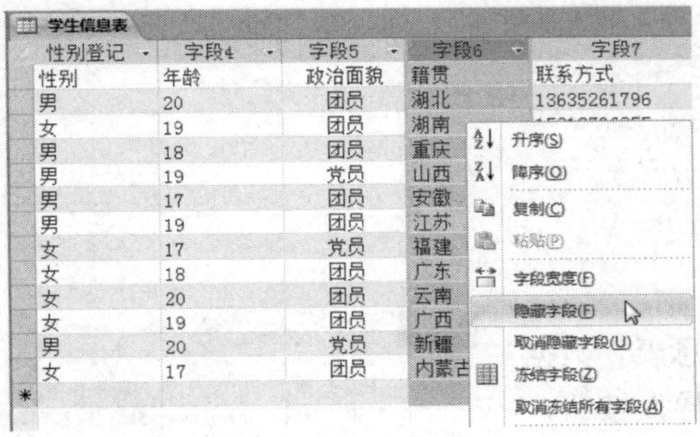

<table>
<tr><td>图 5-24 "隐藏字段"命令</td><td>图 5-25 隐藏字段后的效果</td></tr>
</table>

（2）取消隐藏字段。

字段隐藏后，为适应编辑的需要，有时需要将隐藏的字段显示出来，具体操作步骤如下。

① 选中"学生信息表"中某一字段，单击鼠标右键，在弹出的下拉列表中选择"取消隐藏字段"选项，如图 5-26 所示。

② 打开"取消隐藏列"对话框，在"列"栏下勾选字段前的复选框，如图 5-27 所示。

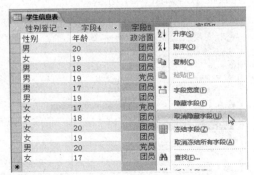

图 5-26 "取消隐藏字段"命令

图 5-27 "设置"对话框图

③ 单击"关闭"按钮即可将隐藏的字段显示出来，如图 5-28 所示。

图 5-28　设置完成后的效果

实验四　查询表的创建与设置

一、实验目的

掌握查询表的创建与设置。

二、实验内容及步骤

1. 创建查询表

用户可以创建查询表，具体操作步骤如下。

① 启动 Access 2010 应用程序，打开"学生信息表"数据库，在"创建"→"查询"选项组中单击"查询向导"按钮，如图 5-29 所示。

② 打开"新建查询"对话框，单击"简单查询向导"选项，单击"确定"按钮，如图 5-30 所示。

图 5-29　单击"查询向导"按钮

③ 打开"简单查询向导"对话框，在"表/查询"下拉列表中选择用于查询的"表：学生信息表"数据表，此时在"可用字段"列表框中显示"学生信息表"数据表中的所有字段，选择查询需要的字段，然后单击向右按钮，则所选字段被添加到"选定的字段"列表框中。重复上述操作，依次将需要的字段添加到"选定的字段"列表框中，如图 5-31 所示。

图 5-30　"新建查询"对话框

图 5-31　选择字段

④ 单击"下一步"按钮，弹出指定查询标题的"简单查询向导"对话框。在"请为查询指定标题"文本框中输入标题名，默认为"学生信息表 查询"。在"请选择是打开还是修改查询设计"栏下选中"打开查询查看信息"单选钮，如图 5-32 所示。

⑤ 然后单击"完成"按钮，打开"学生信息表 查询"的数据表视图，如图 5-33 所示。

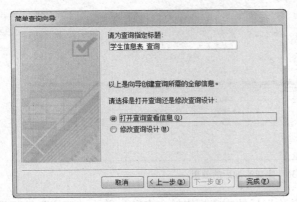

图 5-32　输入名称

图 5-33　完成创建后的效果

2．查询设计

创建查询表后，还可以根据需要对查询表进行查询设计，具体操作步骤如下。

① 在"创建"→"查询"选项组中单击"查询设计"按钮，如图 5-34 所示。

② 此时会弹出"显示表"对话框，单击"查询"选项卡，选择"学生信息表 查询"，单击"添加"按钮，如图 5-35 所示。

图 5-34　单击"查询设计"按钮

图 5-35　选择选项

③ 此时即可将"学生信息表 查询"添加到设计窗口中，如图 5-36 所示。

3．生成表

创建查询设计后，还可以根据需要进行设置生成表，具体操作步骤如下。

① 选择创建的"学生信息表 查询"，在"设计"→"查询类型"选项组中单击"生成表"按钮，如图 5-37 所示。

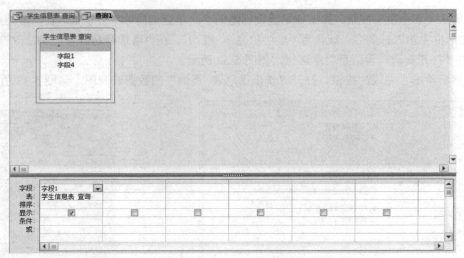

图 5-36   完成添加后的效果

② 打开"生成表"对话框，在"表名称"后的文本框中输入名称，单击"确定"按钮即可，如图 5-38 所示。

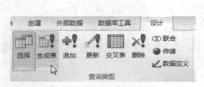

图 5-37   单击"生成表"按钮

图 5-38   "生成表"对话框

实验五 查询表的编辑与更新

一、实验目的

掌握查询表的编辑与更新。

二、实验内容及步骤

1. 追加查询字段

用户可以根据条件追加字段，具体操作步骤如下。

① 选中查询表中的字段，在"设计"→"查询类型"选项组中单击"追加"按钮，如图 5-39 所示。

② 打开"追加"对话框，定位到"追加到"栏下，单击"表名称"文本框中的下拉按钮，选择"学生信息表"，如图 5-40 所示。

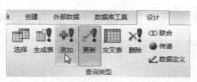

图 5-39 单击"追加"按钮

图 5-40 "追加"对话框

③ 此时即可在设计窗口中看到追加的字段，如图 5-41 所示。

图 5-41 完成追加后的效果

2. 移动查询表中字段的位置

用户可以根据需要移动查询表中的字段位置，具体操作步骤如下。

① 打开"学生信息表 查询"，选中需要移动的字段，当鼠标指针变成十字形状时，拖动字段并将其移动到合适的位置，如图 5-42 所示。

② 移动完成后效果如图 5-43 所示。

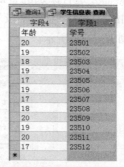

图 5-42 选择设置　　　　　图 5-43 完成移动后的效果

3. 添加不同的查询表

用户可以根据需要将不同的查询表添加到"设计"窗口中，具体操作步骤如下。

① 在"创建"→"查询"选项组中单击"查询设计"按钮，如图 5-44 所示。

② 打开"显示表"对话框，切换到"两者都有"选项下，分别选中"学生信息表"和"学生信息表 查询"，单击"添加"按钮，如图 5-45 所示。

图 5-44 单击"查询设计"按钮

图 5-45 选择添加选项

③ 此时即可将"学生信息表"和"学生信息表 查询"添加到设计窗口中，如图 5-46 所示。

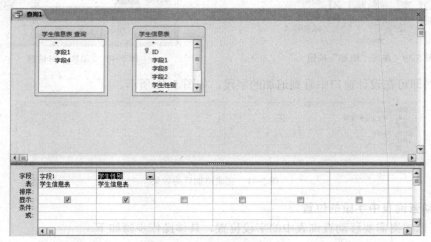

图 5-46 完成添加后的效果

4．运行添加的查询表

用户可以根据需要运行添加的查询表，具体操作步骤如下。

① 选中添加的查询表，在"字段"栏选中字段，在"表"栏中选中添加的表，并勾选"显示"栏中的复选框，如图 5-47 所示。

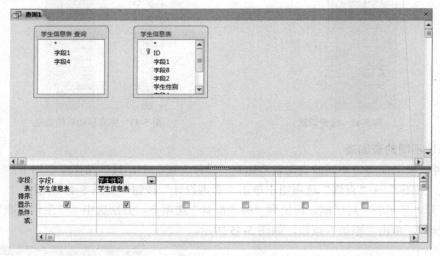

图 5-47 选中字段

② 在"设计"→"结果"选项组中单击"运行"按钮，如图 5-48 所示。

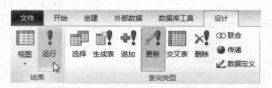

图 5-48 单击"运行"按钮

③ 此时即可在窗口中看到运行结果，如图 5-49 所示。

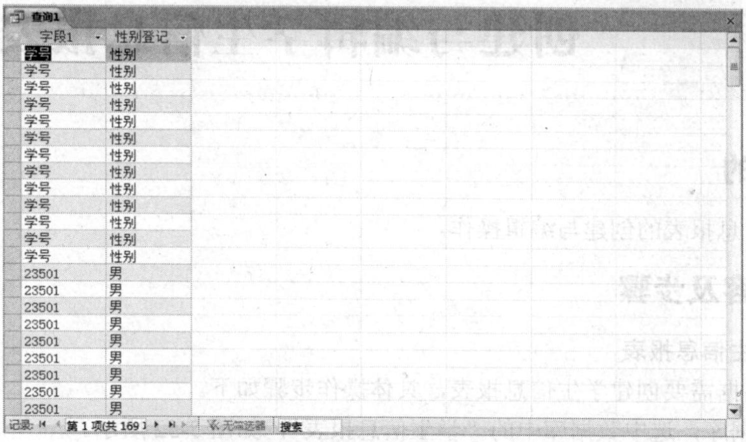

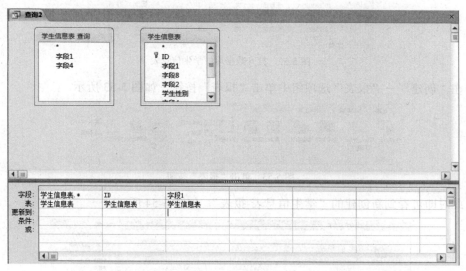

图 5-49　运行结果

5．更新查询表

查询表中的数据发生变化时，可以进行更新操作，具体操作步骤如下。

① 选中添加的查询表，如图 5-50 所示。

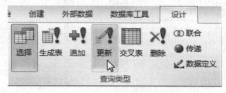

图 5-50　选中查询表

② 在"设计"→"查询类型"选项组中单击"更新"按钮即可，如图 5-51 所示。

图 5-51　单击"更新"按钮

实验六　创建与编辑学生信息报表

一、实验目的

掌握学生信息报表的创建与编辑操作。

二、实验内容及步骤

1．创建学生信息报表

用户可以根据需要创建学生信息报表，具体操作步骤如下。

① 打开数据库，选中数据库中的"学生信息报表"，如图 5-52 所示。

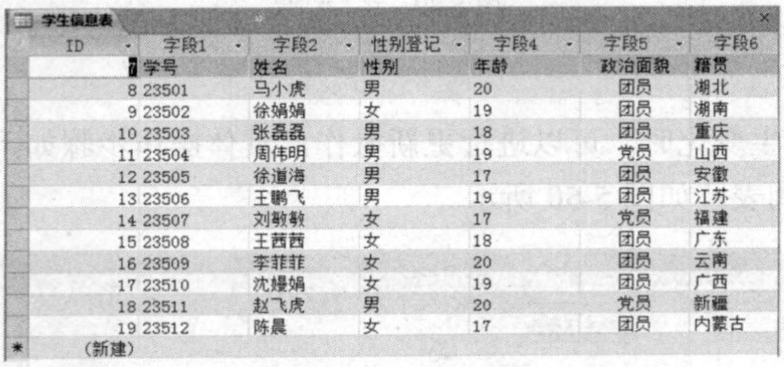

ID	字段1	字段2	性别登记	字段4	字段5	字段6
7	学号	姓名	性别	年龄	政治面貌	籍贯
8	23501	马小虎	男	20	团员	湖北
9	23502	徐娟娟	女	19	团员	湖南
10	23503	张磊磊	男	18	团员	重庆
11	23504	周伟明	男	19	党员	山西
12	23505	徐道海	男	17	团员	安徽
13	23506	王鹏飞	男	19	团员	江苏
14	23507	刘敏敏	女	17	党员	福建
15	23508	王茜茜	女	18	团员	广东
16	23509	李菲菲	女	20	团员	云南
17	23510	沈燥娟	女	19	团员	广西
18	23511	赵飞虎	男	20	党员	新疆
19	23512	陈晨	女	17	团员	内蒙古
*	(新建)					

图 5-52　打开数据库中学生信息表

② 在"创建"→"报表"选项组中单击"报表"按钮，如图 5-53 所示。

图 5-53　单击"报表"按钮

③ 此时即可看到新创建的"学生信息表-报表"，如图 5-54 所示。

图 5-54　完成创建后的效果

2．调整字段列宽

创建报表后，用户可以根据需要调整字段列宽，具体操作步骤如下。

① 打开新创建的报表，选中需要调整列宽的字段，如选择"性别登记"字段，鼠标移动到选中的字段上，当鼠标指针变成↔形状时，根据需要拖动到合适的位置，如图 5-55 所示。

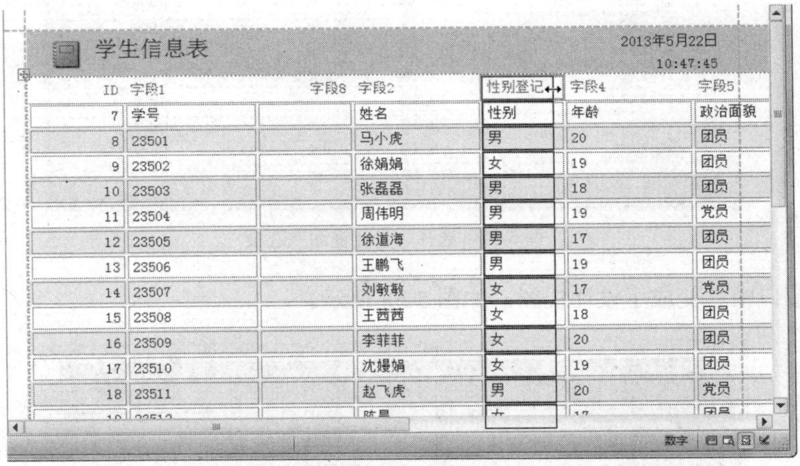

图 5-55　选中字段

② 完成后松开鼠标，即可完成调整，效果如图 5-56 所示。

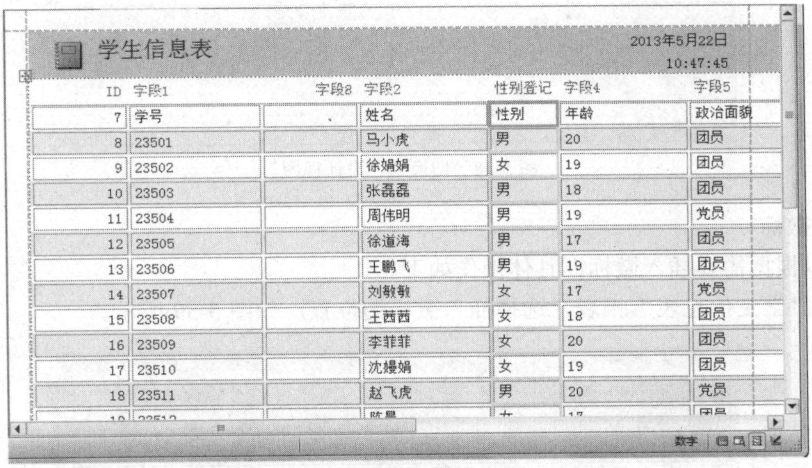

图 5-56　完成调整后的效果

3．切换到设计视图

为了进一步编辑报表，可以将报表切换到设计视图下，具体操作步骤如下。

① 选中"学生信息表"报表，在报表中任意处单击鼠标右键，在弹出的下拉列表中选中"设计视图"选项，如图 5-57 所示。

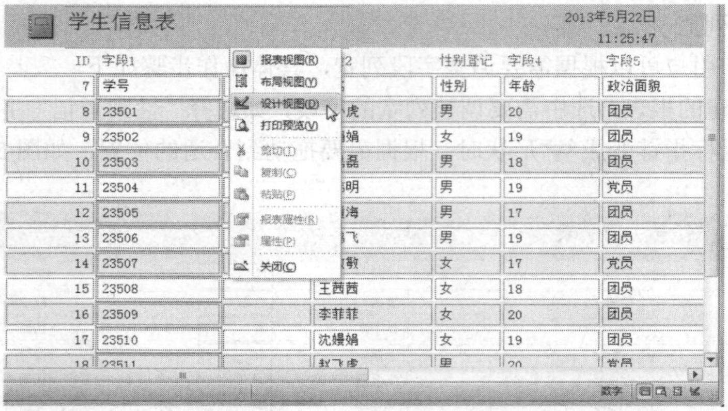

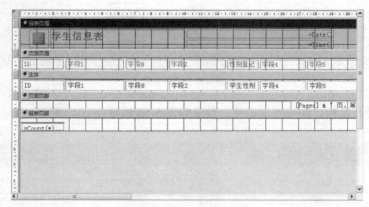

图 5-57　选择"设计视图"选项

② 此时窗口中就变成了设计视图，如图 5-58 所示。

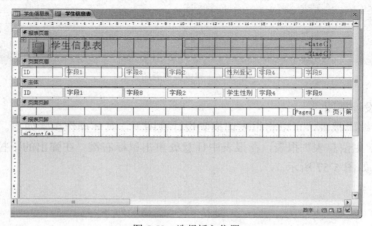

图 5-58　切换到"设计视图"

4．插入徽标

用户可以根据需要插入徽标，具体操作如下。

① 打开"学生信息表"报表，选择插入徽标的位置，如图 5-59 所示。

图 5-59　选择插入位置

② 在"设计"→"页眉/页脚"选项组中单击"徽标"按钮，如图 5-60 所示。

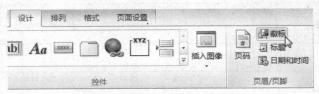

图 5-60 单击"徽标"按钮

③ 打开"插入图片"对话框，选择插入的图片，单击"确定"按钮，如图 5-61 所示。

图 5-61 选择图片

④ 此时即可在窗口中看到插入的徽标，如图 5-62 所示。

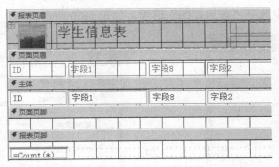

图 5-62 完成插入后的效果

5．插入时间和日期

用户可以在报表中插入详细的时间和日期，具体操作步骤如下。

① 打开"学生信息表"报表，选择插入时间和日期的位置，如图 5-63 所示。

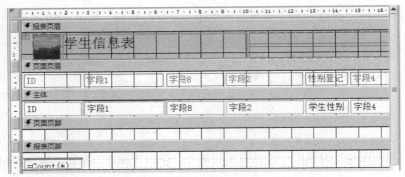

图 5-63　选择插入位置

② 在"设计"→"页眉/页脚"选项组中单击"时间和日期"按钮，如图 5-64 所示。

图 5-64　单击"时间和日期"按钮

③ 打开"时间和日期"对话框中，选择插入的时间格式，单击"确定"按钮，如图 5-65 所示。

④ 单击"确定"按钮即可。

6．查看插入的时间和日期

插入时间和日期后，在"设计视图"状态下是看不到的，用户可以切换到其他视图状态下进行查看，具体操作步骤如下。

① 打开"学生信息表"报表，在"设计"→"视图"选项组中单击"视图"按钮下的下拉按钮，在弹出的下拉列表中选择"布局视图"选项，如图 5-66 所示。

图 5-65　选择插入时间格式

图 5-66　选择"布局视图"

② 此时即可在窗口中看到插入的时间和日期，如图 5-67 所示。

ID	字段1		字段8	字段2		性别登记	字段4		字段5
							2013年5月22日 14:54:02		
7	学号			姓名		性别	年龄		政治面貌
8	23501			马小虎		男	20		团员
9	23502			徐娟娟		女	19		团员
10	23503			张磊磊		男	18		团员
11	23504			周伟明		男	19		党员
12	23505			徐道海		男	17		团员
13	23506			王鹏飞		男	19		团员
14	23507			刘敏敏		女	17		党员
15	23508			王茜茜		女	18		团员
16	23509			李菲菲		女	20		团员
17	23510			沈嫚娟		女	19		团员
18	23511			赵飞虎		男	20		党员
19	23512			陈晨		女	17		团员

图 5-67 查看时间和日期

7. 插入标签

用户可以根据需要插入标签，具体操作步骤如下。

① 打开"学生信息表"报表，在"设计"→"控件"选项组中单击"标签"按钮，如图 5-68所示。

图 5-68 单击"标签"按钮

② 此时窗口中的鼠标指针将变成图 5-69 所示的形状。

③ 拖动鼠标选中位置，此时窗口中将出现空白文本框，然后在文本框中输入标签内容即可，如图 5-70 所示。

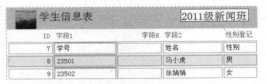

图 5-69 窗口鼠标　　　　　　　　　　图 5-70 完成插入后的效果

8. 打印预览

编辑好信息报表后，可以预览信息报表，具体操作步骤如下。

① 打开"学生信息表"报表，切换到"设计"选项卡，在"视图"选项组中单击"视图"按钮下的下拉按钮，在弹出的下拉列表中选择"打印预览"选项，如图 5-71 所示。

② 此时即可预览信息报表，如图 5-72 所示。

图 5-71　选择"打印预览"

图 5-72　打印预览

计算机网络实用技术

实验一　双绞线的制作

一、实验目的

认识组网常用的传输介质，掌握双绞线的制作。

二、实验内容及步骤

（1）准备需要的工具与材料：剥线钳、压线钳、测线仪、非屏蔽双绞线、RJ-45 接头（水晶头），如图 6-1 所示。

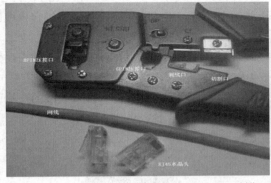

图 6-1　制作双绞线工具与耗材

（2）按所需长度剪下一段非屏蔽双绞线。

（3）用压线钳在非屏蔽双绞线的一端剥去约 2cm 护套。

图 6-2　剥去护套

（4）将非屏蔽双绞线中的 4 对电缆分离开来，按照所做双绞线的线序标准（T568A 或 T568B）排列整齐，如图 6-3 所示。注意：连接同种设备的交叉缆的一端为 T568A 线序，另一端为 T568B 线序，连接异种设备的直通缆的两段均为 T568A 线序或 T568B 线序。

T568A：白绿　绿　白橙　蓝　白蓝　橙　白棕　棕
T568B：白橙　橙　白绿　蓝　白蓝　绿　白棕　棕

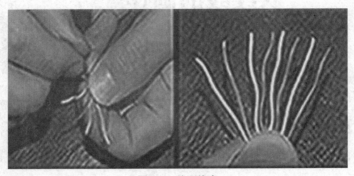

图 6-3　整理线序

（5）保持非屏蔽双绞线的线序和平整性，用压线钳上的剪刀将线头剪齐，保证不绞合电缆的长度最大为 1.2cm。

（6）将有序的线头顺着 RJ-45 头的插口轻轻插入直至 RJ-45 头的顶端，注意水晶头的正反面与线序的对应，并确保线头顶入水晶头内，如图 6-4 所示。

（7）再将 RJ-45 头放到压线钳压水晶头的地方，用力按下手柄。这样非屏蔽双绞线的一端就制作好了，如图 6-5 所示。

图 6-4　保证线头顶入水晶头

图 6-5　压线钳将金属片压入线内与导线接触

（8）用同样的方法制作非屏蔽双绞线的另一个接头。

（9）将非屏蔽双绞线的两个接头分别插入到测线仪的两个接口，观察测线仪上指示灯的闪烁是否按照所制作的线序闪烁。

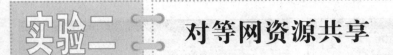

实验二 对等网资源共享

一、实验目的

掌握局域网的组建及网络连接的基本配置，能够实现局域网内资源共享。

二、实验内容及步骤

对等网是指网络中各主机既是网络服务的提供者（服务器），又是网络服务的使用者（工作站）。下面以常用 Windows 系统为例，介绍两台计算机形成对等网的配置使用方法。

1．查看和确认已安装 Windows 支持的基本网络协议和组件

方法：打开本机"网络属性"，查看和设置计算机绑定的网络服务、客户端组件、协议，记下计算机中所使用的协议名称，确保两台电脑安装了相同协议。

步骤：右键单击"网上邻居"图标，在弹出的快捷菜单中选择"属性"命令，打开"网络连接"窗口，在窗口中右击"本地连接"图标，打开"本地连接属性"对话框，找到 TCP/IP 协议，如图 6-6 所示。

2．查看和确认网络服务

方法同上，确保两台电脑安装了相同服务，如图 6-7 所示。

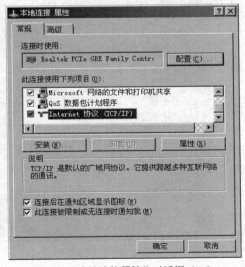

图 6-6　"本地连接属性"对话框（一）

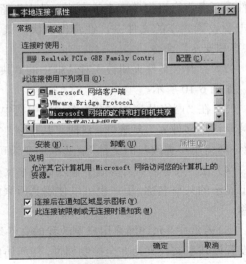

图 6-7　"本地连接属性"对话框（二）

3．查看计算机名称（标识）

方法：用鼠标右击"我的电脑"选择"属性"，单击计算机名称，记录两台电脑的计算机名称，

并确保工作组名称一样。设置界面如图 6-8 所示。

4．查看并设置计算机 IP 地址

方法：打开"本地连接属性"对话框，快速双击"Internet 协议（TCP/IP）"，设置 IP 地址和子网掩码。确保 IP 地址在同一个网段，子网掩码一样。设置界面如图 6-9 所示。

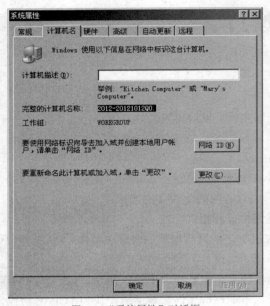

图 6-8　"系统属性"对话框

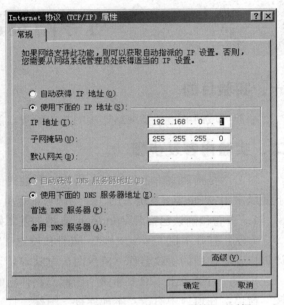

图 6-9　"Internet 协议（TCP/IP）属性"对话框

5．设置网络资源共享

（1）选择要设置共享的文件夹，在左边的"文件和文件夹任务"窗格中单击"共享此文件夹"超链接，或右击要设置共享的文件夹，在弹出的快捷菜单中选择"共享和安全"命令。

（2）打开"文件夹属性"对话框中的"共享"选项卡，如图 6-10 所示。

（3）在"网络共享和安全"选项组中选中"在网络上共享这个文件夹"复选框，这时"共享名"文本框和"允许网络用户更改我的文件"复选框均变为可用状态。

（4）在"共享名"文本框中输入该共享文件夹在网络上显示的共享名称，用户也可以使用其原来的文件夹名称。

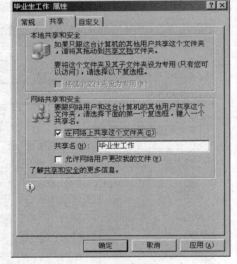

图 6-10　共享文件夹

（5）若选中"允许网络用户更改我的文件"复选框，则设置该共享文件夹为完全控制属性，任何访问该文件夹的用户都可以对该文件夹进行编辑修改；若清除该复选框，则设置该共享文件夹为只读属性，用户只可访问该共享文件夹，而无法对其进行编辑修改。

（6）设置共享文件夹后，在该文件夹的图标中将出现一个托起的小手，表示该文件夹为共享

文件夹，如图 6-11 所示。

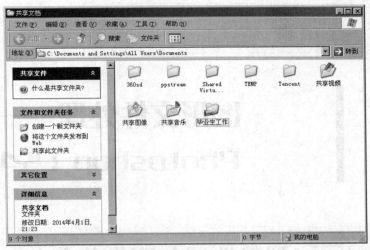

图 6-11　共享后文件夹形式

6．在网络中使用共享资源

（1）双击"网上邻居"，单击"查看工作组计算机"，找到另一台主机的计算机名称，如果未能显示，通过搜索另一台计算机的计算机名来查找，找到后，双击对方计算机图标，就可以看到你所设置共享资源的名称。

（2）在第一步中找到的共享资源名称，用鼠标右击它，选择映射为网络驱动器，单击"确定"按钮。在"我的电脑"中就可以出现一个网络驱动器 Z，这时你就可以像使用本地驱动器一样使用网络驱动器。

（3）在"我的电脑"或者"资源管理器"或者 IE 浏览器的地址栏中直接输入：\\计算机名或 IP 地址，如\\user 或者\\192.168.0.5，就可以找到计算机上的共享资源。

第 7 章

图形文件处理——Photoshop CS4

实验一　创建选区与图像裁剪

一、实验目的

熟练掌握在 photoshop 中创建选区与图像裁剪。

二、实验内容及步骤

使用 Photoshop CS4 处理图片时，在图像上创建选区是最常用的操作手法之一，同时图片裁剪也是较常见的操作。

1. 创建选区

在编辑图像的时候，通过下面的方法创建一个矩形的选区。

① 启动 Photoshop CS4，打开需要编辑的图像文件，在工具箱中选择"矩形选框工具" ⬚，如图 7-1 所示。

图 7-1　选择"矩形选框工具"

② 在图像文件上单击鼠标左键并移动鼠标即可创建一个矩形的选框，如图 7-2 所示。

2．裁剪图像

编辑图像时，可将图像的局部裁剪下来，具体操作步骤如下。

① 启动 Photoshop CS4，打开需要编辑的图像文件，在工具箱中选择"裁剪工具" ，如图 7-3 所示。

图 7-2 创建矩形选框

图 7-3 选择"裁剪工具"

② 在图像文件上单击鼠标左键并移动鼠标即可创建一个矩形的裁剪区域，如图 7-4 所示。

③ 创建好裁剪区域后，在裁剪区域双击鼠标左键（或按【Enter】键）结束裁剪，如图 7-5 所示。

图 7-4 裁剪图像

图 7-5 裁剪后的图像

图像颜色调整

一、实验目的

学会使用 Photoshop CS4 软件对图像文件的色彩进行调整。

二、实验内容及步骤

1. 将图像调整成黑白色

将一张彩色的图像调整为黑白效果，其操作步骤如下。

① 启动 Photoshop CS4，打开需要编辑的图像文件，在菜单栏中选择"图像"→"调整"→"去色"命令，如图 7-6 所示。

图 7-6 选择"去色"命令

② 执行"去色"命令后，即可将彩色图像的颜色去掉，变成黑白色图像，如图 7-7 所示。

图 7-7 去色处理后的效果

2．将图像调整为复古色

将一张颜色鲜艳的图像进行调整，令其变成褐色的复古效果，具体操作步骤如下。

① 启动 Photoshop CS4，打开需要编辑的图像文件，在菜单栏中选择"图像"→"调整"→"色彩平衡"命令，如图 7-8 所示。

图 7-8　选择"色彩平衡"命令

② 打开"色彩平衡"对话框，在对话框的"色彩平衡"组中通过滑动"青色"、"洋红"、"黄色"3 个色彩条（或者直接在"色阶"文本框中输入数值）来调整图像颜色，如图 7-9 所示。

③ 设置完成后，单击"确定"按钮，即可调整图像颜色，将图像调整为褐色复古感，如图 7-10 所示。

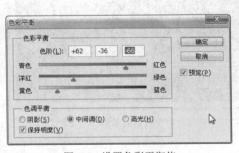

图 7-9　设置色彩平衡值

图 7-10　完成色彩调整后的效果

3．替换局部色彩

在我们处理图像的时候，往往会遇到一种情况，就是需要更改图像上某一局部的颜色，下面的实例介绍如何将图像上的蓝色宝石变成红色宝石，其具体操作步骤如下。

① 启动 Photoshop CS4，打开需要编辑的图像文件，在菜单栏中选择"图像"→"调整"→"替换颜色"命令，如图 7-11 所示。

图 7-11 选择"替换颜色"命令

　　② 打开"替换颜色"对话框，在"选区"组中选择需要替换的颜色，在"替换"组中设置更换的颜色，如图 7-12 所示。

　　③ 设置完成后单击"确定"按钮，即可替换图像上宝石的颜色，效果如图 7-13 所示。

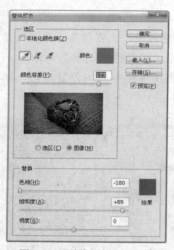

图 7-12 "替换颜色"对话框

图 7-13 完成色彩替换后的效果

图层的应用

一、实验目的

　　掌握通过创建多个图层来编辑图像，从而更好地处理图像并且又不会因为失误而造成损失。

二、实验内容及步骤

1. 创建图层

创建图层有多种方法，我们可以根据使用的情况来自己决定。

方法一：单击"图层"调板底部的"创建新的图层"按钮 ，可以快速创建具有默认名称的新图层，图层名依次为图层 0、图层 1、图层 2、图层 3 等，如图 7-14 所示。

方法二：通过"新建图层"对话框新建图层。

① 选择"图层"→"新建"→"图层"菜单命令，如图 7-15 所示。

图 7-14　新建图层

图 7-15　选择"图层"命令

② 在打开的"新建图层"对话框中，在"名称"文本框中输入新图层的名称，在"颜色"下拉列表框中选择图层的颜色，在"模式"下拉列表框中设置图层样式，在"不透明度"数值框中设置图层透明度，以及进行是否建立图组的设置，如图 7-16 所示。

③ 单击"确定"按钮，完成新图层的创建。

方法三：将选区转换为图层。

① 打开一个图像文件，在图像文件中创建一个选区，如图 7-17 所示。

图 7-16　"新建图层"对话框

图 7-17　创建选区

② 选择"图层"→"新建"→"通过拷贝的图层"（或"通过剪切的图层"）菜单命令，如图 7-18 所示。

③ 操作之后，即可创建通过拷贝的图层，如图 7-19 所示。

图 7-18 选择"通过拷贝的图层"命令

图 7-19 创建新图层

方法四：将背景转换为图层。

① 打开一个图像文件，选择"图层"→"新建"→"背景图层"菜单命令，如图 7-20 所示。

② 打开"新建图层"对话框，在对话框中设置图层的名称、颜色、图层样式和透明度，如图 7-21 所示。

图 7-20 选择"背景图层"命令

图 7-21 设置"新建图层"对话框

③ 单击"确定"按钮，即可将背景图层转换为一般图层，如图 7-22 所示。

方法五：新建文本图层，直接在图像中输入文字，Photoshop CS4 将会自动在当前图层之上创建一个文本图层，如图 7-23 所示。

图 7-22 将背景转换为图层

图 7-23 新建图层

2．复制图层

复制图层主要有两种方法，具体操作步骤如下。

方法一：直接复制。将要复制的图层拖曳到"图层"调板底部的"创建新的图层"按钮 上，复制的图层以原有的图层副本形式出现，如图 7-24 所示。

方法二：通过"复制图层"对话框复制。

① 打开一个图像文件，选择"图层"→"复制图层"菜单命令，如图 7-25 所示。

图 7-24　复制图层

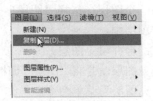

图 7-25　选择"复制图层"命令

② 在打开的"复制图层"对话框中的"为"文本框中输入图层的名称，在"文档"下拉列表框中选择新图层要放置的图层文档，如图 7-26 所示。

③ 操作之后，单击"确定"按钮，完成图层的复制，如图 7-27 所示。

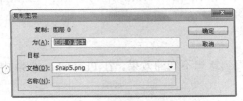

图 7-26　"复制图层"对话框

图 7-27　创建新图层

3．删除图层

删除图层主要有两种方法，具体操作步骤如下。

方法一：直接删除。将要删除的图层拖曳到"图层"调板底部的"删除图层"按钮 🗑 上，即可删除图层。

方法二：通过对话框删除图层。

① 在"图层"调板中选择要删除的图层，选择"图层"→"删除图层"菜单命令，如图 7-28 所示。

② 在打开的提示框中单击"是"按钮，即可删除图层，如图 7-29 所示。

图 7-28　选择"删除图层"命令

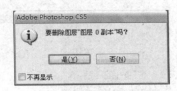

图 7-29　删除图层提示框

4．移动图层

移动图层的操作比较简单，在"图层"调板中按住鼠标左键拖动到目标图层位置释放即可。如果是移动图层中的图像，在工具箱中选择"移动"工具，拖动图像或按键盘上的方向键即可。

5．合并图层

合并图层就是将两个或两个以上的图层合并到一个图层里，主要方法有以下几种。

方法一：向下合并图层。

向下合并图层就是在调板中将当前图层与它下面的第一个图层进行合并，其方法是在"图层"调板中单击一个图层，选择"图层"→"向下合并"菜单命令，将当前图层中的内容合并到它下面的第一个图层中。

方法二：合并可见图层。

合并可见图层就是将"图层"调板中所有的可见图层合并成一个图层，其方法是选择"图层"→"合并可见图层"菜单命令。

方法三：拼合图层。

拼合图层就是将"图层"调板中所有可见图层进行合并，而隐藏的图层将被丢弃，其方法是选择"图层"→"拼合图层"菜单命令。

实验四 对图像进行特效处理

一、实验目的

对一些正常的图像文件进行特效处理，可以得到意想不到的效果。在 Photoshop CS4 中，"滤镜"功能就是针对图像进行特效处理的。

二、实验内容及步骤

1．模糊处理

将正常图像文件进行模糊处理，其具体操作步骤如下。

① 启动 Photoshop CS4，打开需要编辑的图像文件，在菜单栏中选择"滤镜"→"模糊"→"动感模糊"命令，如图 7-30 所示。

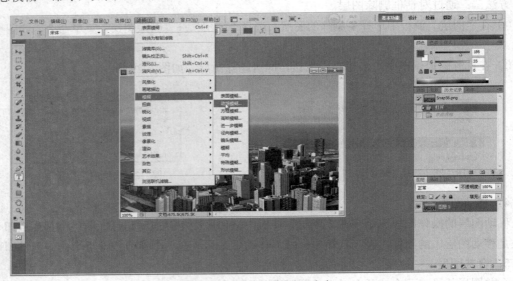

图 7-30　选择"动感模糊"命令

② 在打开的"动感模糊"对话框中设置模糊的具体数值，然后单击"确定"按钮，如图 7-31 所示。

③ 单击"确定"按钮后，即可对图像进行模糊处理，如图 7-32 所示。

图 7-31　"动感模糊"对话框

图 7-32　模糊图像文件

④ 除了上述的"动感模糊"选项，在"模糊"菜单中还有其他一些模糊选项，如图 7-33 所示，不同的模糊选项可以制作不同的模糊效果。

2．扭曲处理

将图像文件进行极坐标的扭曲处理，其具体操作步骤如下。

① 启动 Photoshop CS4，打开需要编辑的图像文件，在菜单栏中选择"滤镜"→"扭曲"→"极坐标"命令，如图 7-34 所示。

图 7-33　"模糊"菜单的选项

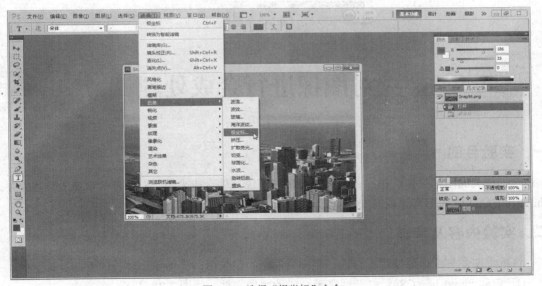

图 7-34　选择"极坐标"命令

② 在打开的"极坐标"对话框中，选择"平面坐标到极坐标"单选钮，然后单击"确定"按钮，如图 7-35 所示。

③ 单击"确定"按钮后，即可对图像进行模糊处理，如图 7-36 所示。

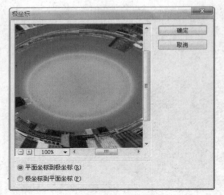

图 7-35　设置"极坐标"对话框　　　　　　　　　图 7-36　极坐标扭曲图像

④ 除了上述的"极坐标扭曲"选项，在"扭曲"菜单中还有其他一些扭曲选项，如图 7-37 所示，不同的扭曲选项可以制作不同的扭曲效果。

图 7-37　"扭曲"菜单的选项

实验五　对图像进行合成处理

一、实验目的

一张精美的图像文件，往往是两张或者多张图像文件合成来的，对图像的合成处理也是学习 Photoshop CS4 软件不可忽视的知识点。

二、实验内容及步骤

将风景图像与雷电图像进行合成，制作带闪电的风景图，具体操作步骤如下。

① 启动 Photoshop CS4，打开两张带合成的图像文件，如图 7-38 所示。

图 7-38　打开素材图像

②　选择工具箱中"移动工具"按钮 ，将闪电图像移至风景图像窗口中，按【Ctrl+T】组合键，打开自由变换调整框，适当调整其大小和位置，如图 7-39 所示。

图 7-39　移动素材图像

③　设置"图层 1"的"混合模式"为"滤色"，如图 7-40 所示。

④　在自由变换框内单击鼠标右键，在弹出的快捷菜单中选择"水平翻转"命令，如图 7-41 所示。在"图层"面板中设置"图层 1"的"不透明度"为"80%"，如图 7-42 所示。

图 7-40　设置图层混合模式　　　　　　　　　　　　　　图 7-41　选择"水平翻转"

　　⑤ 在工具箱中选择"移动工具"按钮 ，调整闪电图像的位置，完成操作后的合成效果如图 7-43 所示。

图 7-42　设置"不透明度"　　　　　　　　　　图 7-43　完成图像的合成操作

图像美化处理

一、实验目的

　　我们学习 Photoshop CS4 软件的目的，就是对各种图像文件进行美化处理。运用我们所学到的内容，对生活或学习中的图片进行各种艺术效果的美化处理。

二、实验内容及步骤

　　将一张积雪的风景画处理成大雪正在漫天飞舞的效果，可以通过下面的方法来实现。

　　① 启动 Photoshop CS4，打开需要处理的图像，如图 7-44 所示。

图 7-44 打开素材图像

② 在"图层"面板的下方单击"创建新图层"按钮 🖃 新建图层，如图 7-45 所示。

③ 选择"编辑"→"填充"菜单命令，在打开的"填充"对话框中选择"50%灰色"选项，如图 7-46 所示。

图 7-45 新建图层

图 7-46 填充图层

④ 单击"确定"按钮，填充当前图层，如图 7-47 所示。

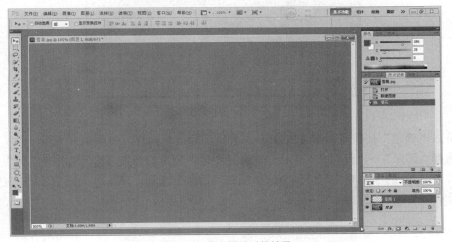

图 7-47 填充图层后的效果

⑤ 选择"滤镜"→"素描"→"绘图笔"菜单命令，在打开的"绘图笔"对话框中设置各选项值，如图 7-48 所示。

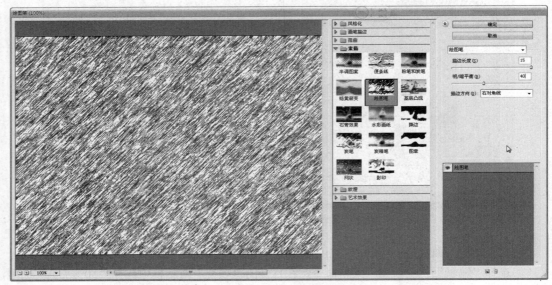

图 7-48　设置"绘图笔"对话框中的参数

⑥ 选择"选择"→"色彩范围"菜单命令，在打开的"色彩范围"对话框中选择"高光"选项，如图 7-49 所示。

图 7-49　在"色彩范围"对话框中选择"高光"选项

⑦ 单击"确定"按钮后，按【Backspace】键清除选区内容，如图 7-50 所示。

⑧ 选择"选择"→"反向"菜单命令，选择图像中相反的像素，然后选择"编辑"→"填充"菜单命令，在打开的"填充"对话框中选择填充"白色"选项，单击"确定"按钮填充选区，如图 7-51 所示。

图 7-50　清除选区内容

图 7-51　填充反向选区

⑨ 按【Ctrl+D】组合键取消选区，在"图层"面板中设置"不透明度"为"60%"，效果如图 7-52 所示。

图 7-52　处理效果

  制作照片相框

一、实验目的

学会为人物或风景类的图像添加相框效果。

二、实验内容及步骤

为人物照片添加一个相框，具体操作步骤如下。

① 启动 Photoshop CS4，打开一张人物照片，在工具箱中选择"椭圆选框工具"按钮 ，为人物图像添加一个椭圆形选框，如图 7-53 所示。

图 7-53 创建椭圆选区

② 按【Ctrl+Shift+I】组合键执行"反选"命令，选择"选择"→"修改"→"羽化"菜单命令，在打开的"羽化选区"对话框中设置"羽化半径"为 5 像素，如图 7-54 所示。

图 7-54 反选并羽化操作

③ 单击"确定"按钮，按【Ctrl+Delete】组合键为选区填充背景色，如图 7-55 所示。

图 7-55 填充选区

④ 选择"编辑"→"描边"菜单命令，在打开的"描边"对话框中设置各选项参数，如图 7-56 所示。

⑤ 单击"确定"按钮，按【Ctrl+D】组合键取消选区，如图 7-57 所示。

图 7-56 设置描边参数

图 7-57 为照片添加相框后的效果

计算机等级考试机试模拟题

- 综合练习
- 强化指导
- 巩固技能
- 熟练应用

计算机等级一级上机考试模拟题（第一套）

（共 100 分）

注意事项：请各位考生在指定工作盘的根目录中建立考试文件夹，考试文件夹的命名规则为"准考证号+考生姓名"，如"06100101 张倩"。考生的所有解答内容都须放在考试文件夹中。

一、汉字录入（请在 Word 软件中正确录入如下文本内容，20 分）

要求：1.在文件内容第一行的表格中录入自己的姓名及准考证号。

2.表格下正确录入文本，文本中的英文、数字按西文方式，标点符号按中文方式。

3.文件保存在考试文件夹中，文件名为 SJKS1，扩展名为 DOC 或 DOCX。

姓名		准考证号	

博客（Blog）

有关 Blog 的中文名称，一直是国内各 Blog 站点讨论的焦点，因此 Blog 在中国也就有了网络日志、博录、报客、部落以及博客的名字。从字面上解释，Blog 是 Weblog 的简称，Weblog 是"Web"与"Log"的组合，Log 的中文词义是"航海日志"，引申为任何类型的流水性记录，因此 Weblog 就可以理解为互联网上的一种流水性记录。这种互联网上的流水性记录，可以视作一个以日志形式表现的个人网页。Blog 的主人可以在 Blog 中将自己每天的生活体验、灵感妙想、得意言论、网络文摘、新闻评论等所有听到的、看到的、感受到的东西记录下来，读者也可以像看日记一样享受主人带来的各种思想与心得。Blog 的主人被称作 Blogger 或 Weblogger，也就是经常提到的部落客或博客、博主。

二、Word 编辑和排版（30 分）

打开上面的 Word 文件 SJKS1，先另存于考试文件夹中，文件名为 JSJ1，扩展名为 DOC 或 DOCX，再按如下要求进行操作。

1．排版设计。

（1）纸张：A4，边距：左右页边距均为 1.5cm,上下页边距均为 2.2cm。

（2）标题：将标题设置为二号红色仿宋_GB2312、加粗、居中，段后间距设置为 12 磅。

（3）正文：将前面录入的正文内容复制两份，每段首行缩进 2 个字符，正文内容第一、三自然段设置为黑体小四号，第二自然段设置为隶书五号、缩放 120%、字间距加宽 1.5 磅；第一自然段设置首字下沉，字体为微软雅黑，下沉 4 行；分栏：第三自然段分为两栏，中间加分栏线。

2．将正文中所有"Blog"一词添加下划线（红色双波浪线），并设置为蓝色，华文彩云，四号，加粗倾斜。

3．用自选图形绘制一个"笑脸"对象。要求：添加文字"博客"、居中对齐；线条颜色为红色、填充色为绿黄颜色双色渐变中心辐射；衬于文字下方。

4．再次保存编辑好的 JSJ1 文件。

三、Excel 操作（30 分）

在 Excel 系统中按以下要求完成，文件存于考试文件夹中，文件名为 JSJ1，扩展名为 XLS 或 XLSX。

1．按以下样例格式建立表格并输入内容（外框蓝色粗线，内框红色细线，标题合并单元格居中）；标题：隶书，20 号，加粗；正文：宋体，12 号。

2．利用公式计算"总成绩"（总成绩=笔试成绩×50%+机试成绩×50%，保留两位小数）。

3．"总成绩"栏填充背景色为黄色，并按总成绩降序排序。

4．将当前工作表重命名为"成绩单"，并复制一份保存在当前工作簿另一张工作表中，将复制工作表命名为"图表"，在"图表"工作表中按笔试成绩、上机成绩和总成绩制作出两轴线柱图。

计算机应用基础成绩单

准考证号	系别	姓名	笔试成绩	机试成绩	总成绩
2014040001	计算机	王阳	83	98	
2014040002	电子	张兰	66	76	
2014040003	机械	吴维成	75	83	
2014040004	计算机	陈云来	92	63	
2014040005	电子	苟晓光	71	77	
2014040006	机械	李明淑	86	84	

四、Windows 基本操作（10 分）

1．在考试文件中用考生姓名和"等级考试"建立两个二级文件夹，并在"等级考试"下再建立两个三级文件夹 AAA 和 BBB。

2．将前面的 JSJ1（Word）和 JSJ1（Excel）文件复制到已建的"等级考试"文件夹中。

3．将前面的 JSJ1（Word）文件复制到考生姓名二级文件夹中并更名，其文件名为"博客"，扩展名为 DOC 或 DOCX。

五、下面 3 个小题任意选作一题（10 分）

1．请用 PowerPoint 制作主题为"我的中国梦"的宣传稿（至少两张幻灯片），将制作完成的演示文稿以 JSJ1.PPT（或 JSJ1.PPTX）为文件名保存在"等级考试"文件夹中。要求如下。

① 标题用艺术字、其他文字内容、模板、背景等格式自定。

② 绘图、插入图片（或剪贴画）等对象。

③ 各对象的动画效果自定，延时 2 秒自动出现。

④ 幻灯片切换时自动播放，样式自定。

2．用你熟悉的软件制作一网页文件，主题为"我的大学"，其中要插入相关的图片和文字；另外要插入一剪贴画（或其他图片），并设置浏览网页时，单击该图片可链接到 http://www.cqta.gov.cn/的超级链接，用文件名 JSJ1.HTM（或 JSJ1.HTML）保存到"等级考试"文件夹中。

3．用数据库软件建立成绩统计表（根据表中数据确定其数据类型），其文件名为 JSJ1.DBF 或 JSJ1.MDB 等，保存到"等级考试"文件夹中，同时在表中录入以下数据。

学号	姓名	专业	大学计算机基础	英语	大学语文
2099001	张洋	计算机软件	88	75	80
2009002	李菲菲	电子商务	76	66	82
2009004	欧阳春	经济管理	85	70	78
2009008	夏天	广告策划	90	56	76

计算机等级一级上机考试模拟题（第二套）

（共 100 分）

注意事项：请各位考生在指定工作盘的根目录中建立考试文件夹，考试文件夹的命名规则为"准考证号+考生姓名"，如"06100101 张倩"。考生的所有解答内容都须放在考试文件夹中。

一、汉字录入（请在 Word 软件中正确录入如下文本内容，20 分）

要求：1.在文件内容第一行的表格中录入自己的姓名及准考证号。

　　　2.表格下正确录入文本，文本中的英文、数字按西文方式，标点符号按中文方式。

　　　3.文件保存在考试文件夹中，文件名为 SJKS2，扩展名为 DOC 或 DOCX。

姓名		准考证号	

北斗卫星导航系统

北斗卫星导航系统（Bei Dou Navigation Satellitel System，BDS）是我国自行研制的全球卫星定位与通信系统，是继美国全球卫星定位系统（Global Positioning System，GPS）和俄罗斯全球卫星导航系统之后第三个成熟的卫星导航系统。系统由空间端、地面端和用户端组成，可在全球范围内全天候、全天时为各类用户提供高精度、高可靠定位、导航、授时服务，并具短报通信能力，已经初步具备区域导航、定位和授时能力，定位精度优于 20m，授时精度优于 100ns。2012 年 12 月 27 日，北斗卫星导航系统空间信号接口控制文件正式版 1.0 正式公布，北斗卫星导航业务正式对亚太地区提供无源定位、导航、授时服务。

二、Word 编辑和排版（30 分）

打开上面的 Word 文件 SJKS2，先另存于考试文件夹中，文件名为 JSJ2，扩展名为 DOC 或 DOCX，再按如下要求进行操作。

1．排版设计。

（1）纸张：16 开，边距：左右页边距均为 1.8cm,上下页边距均为 1.8cm。

（2）标题：黑体三号，居中对齐，段前段后间隔 0.5 行。

（3）正文：将前面录入的正文内容复制两份，每段首行缩进 2 个字符，正文内容第一、三自然段设置为隶书小四号，第二自然段设置为楷体五号、缩放 150%、字间距加宽 1.5 磅；分栏：第三自然段分为两栏，中间加分栏线。

2．将"北斗卫星导航系统"设置为页眉，楷体五号、蓝色，左对齐，页脚添加当前日期，楷体五号、黑色，右对齐，并筛选除标题以外文中所有的"北斗卫星导航"设置为红色、加下划线。

3．在文本后面插入一剪贴画，文字环绕设置为四周型环绕。

4．再次保存编辑好的 JSJ2 文件。

三、Excel 操作（30 分）

在 Excel 系统中按以下要求完成，文件存于考试文件夹中，文件名为 JSJ2，扩展名为 XLS 或 XLSX。

1．按以下样例格式建立表格并输入内容（外框蓝色粗线，内框黑色细线，标题合并单元格居中）；标题：隶书，20 号，加粗；正文：宋体，12 号。

2．利用公式计算"设备总价值"（数字格式为"货币"，保留两位小数），并填充背景为黄色。

3．把表格第一行填充背景色为浅蓝色。

4．将当前工作表重命名为"调查表"，并复制一份保存在当前工作薄另一张工作表中，将复制工作表命名为"筛选结果"，在"筛选结果"工作表中筛选出设备单价高于 1000，但低于 3000 的记录。

2013 年某高校实训室购买设备情况调查表

实训室名称	设备名称	设备数量	设备单价	设备总价值
计算机实训室	电脑	5	￥2,000.00	

续表

实训室名称	设备名称	设备数量	设备单价	设备总价值
网络实训室	交换机	1	￥6,000.00	
土木工程实训室	测绘仪	7	￥2,200.00	
电工电子实训室	万用表	20	￥400.00	
监控系统实训室	摄像头	18	￥300.00	
物流实训室	叉车	5	￥1,500.00	

四、Windows 基本操作（10 分）

1．在考试文件中用考生姓名和"等级考试"建立两个二级文件夹，并在"等级考试"下再建立两个三级文件夹 AAA 和 BBB。

2．将前面的 JSJ2（Word）和 JSJ2（Excel）文件复制到已建的"等级考试"文件夹中。

3．将前面的 JSJ2（Word）文件复制到考生姓名二级文件夹中并更名，其文件名为"北斗卫星导航系统"，扩展名为 DOC 或 DOCX。

五、下面 3 个小题任意选作一题（10 分）

1．请用 PowerPoint 制作主题为"我的家乡"的宣传稿（至少两张幻灯片），将制作完成的演示文稿以 JSJ2.PPT（或 JSJ2.PPTX）为文件名保存在"等级考试"文件夹中。要求如下。

① 标题用艺术字、其他文字内容、模板、背景等格式自定。

② 绘图、插入图片（或剪贴画）等对象。

③ 各对象的动画效果自定，延时 1 秒自动出现。

④ 幻灯片切换时自动播放，样式自定。

2．用你熟悉的软件制作一网页文件，主题为"欢迎来到我的博客"，其中要插入相关的图片和文字；另外要插入一剪贴画（或其他图片），并设置浏览网页时，单击该图片可链接到 http://www.cqta.gov.cn/的超级链接，用文件名 JSJ2.HTM（或 JSJ2.HTML）保存到"等级考试"文件夹中。

3．用数据库软件建立成绩统计表（根据表中数据确定其数据类型），其文件名为 JSJ2.DBF 或 JSJ2.MDB 等，保存到"等级考试"文件夹中，同时在表中录如下数据。

2013 年大学生就业岗位统计

姓名	毕业院校	户籍	就业岗位	月薪	备注
张灵	重庆大学	重庆	建筑师	5000	Memo
李欣	重庆理工大学	四川	文秘	2500	Memo
韩亮	重庆机电学院	重庆	软件工程师	5000	Memo
刘涛	重庆师范大学	云南	幼教	3500	Memo

计算机等级一级上机考试模拟题（第三套）

（共 100 分）

注意事项：请各位考生在指定工作盘的根目录中建立考试文件夹，考试文件夹的命名规则为"准考证号+考生姓名"，如"06100101 张倩"。考生的所有解答内容都须放在考试文件夹中。

一、汉字录入（请在 Word 软件中正确录入如下文本内容，20 分）

要求：1.在文件内容第一行的表格中录入自己的姓名及准考证号。

2.表格下正确录入文本，文本中的英文、数字按西文方式，标点符号按中文方式。

3.文件保存在考试文件夹中，文件名为 SJKS3，扩展名为 DOC 或 DOCX。

姓名		准考证号	

清华大学 IPv6 过渡技术又获新国际标准

由清华大学下一代互联网 4over6 研究组研发的 Public 4over6 技术被国际互联网工程组 IETF 通过，成为又一项国际标准——PFC7040。这是该研究组接入网 IPv6 过渡方面取得的标志性研究成果。

随着 IPv6 网络的大规模建设，过渡技术成为制约 IPv6 网络发展的核心网问题，针对 IPv4 与 IPv6 间互联互通的需求，清华大学牵头提出了主干网 4over6 mesh 隧道过渡系统及 IVI 翻译机制，并研究相应的主干网和校园网 IPv4/IPv6 过渡设备。目前，4over6 过渡系统已经部署到 CNGI-CERNET2 百所校园网节点上，实现这些 IPv4 校园网—4over6 的形式过渡 CERNET2 IPv6 主干网进行互联互通。（本文来自于 http:www.edu.cn）

二、Word 编辑和排版（30 分）

打开上面的 Word 文件 SJKS3，先另存于考试文件夹中，文件名为 JSJ3，扩展名为 DOC 或 DOCX，再按如下要求进行操作。

1. 排版设计。

（1）纸张：16 开，纵向；边距：页边距上、下、左、右均为 3cm。

（2）标题：黑体三号，红色居中，段前段后间隔 0.5 行。

（3）正文：将正文内容复制一份，每段首行缩进 2 个字符，行距为 1.5 倍，段前段后各间隔 0 行，第三自然段平均分为两栏，中间加分栏线。

2. 设置页面背景颜色为茶色，添加水印：文字为"IPV6"，隶书 44 号，颜色为红色，半透明。

3. 在第二段开始插入一张剪贴画，设置为文字环绕浮于文字上方。

4. 再次保存编辑好的 JSJ3 文件。

三、Excel 操作（30 分）

在 EXCEL 系统中按以下要求完成，文件存于考试文件夹中，文件名为 JSJ2，扩展名为 XLS 或 XLSX。

1. 按以下样例格式建立表格并输入内容，加外框（外上下边框：双线，内框：细线），第一行标题使用合并单元格（标题：隶书、红色、加粗、20 号字）。

2．利用函数或平均成绩、总成绩（笔试成绩 50%，面试成绩 30%，才艺展示成绩 20%）数据项，并按总成绩的降序排序。

3．制作各个考生的总成绩三维柱形图图表，放在数据表的底部。

4．文件存于考试文件中，文件名为 JSJ3.XLS（或 JSJ3.XLSX）。

人才招聘统计表

考试姓名	性别	笔试成绩	面试成绩	才艺展示成绩	总成绩
张菲菲	女	84.50	88.00	90.00	262.50
谢苗苗	女	75.50	86.00	91.50	253.00
刘颂扬	男	88.00	95.50	92.00	275.50
高金金	男	76.00	83.00	88.50	247.50
平均成绩		81.00	88.13	90.50	

四、Windows 基本操作（10 分）

1．在考试文件中用考生姓名和"等级考试"建立两个二级文件夹，并在"等级考试"下再建立两个三级文件夹 AAA 和 BBB。

2．将前面的 JSJ3（Word）和 JSJ3（Excel）文件复制到已建的"等级考试"文件夹中。

3．将前面的 JSJ3（Word）文件复制到考生姓名二级文件夹中并更名，其文件名为"下一代 IPv6"，扩展名为 DOC 或 DOCX。

五、下面 3 个小题任意选作一题（10 分）

1．请用 PowerPoint 制作主题为"我的大学生活"的宣传稿（至少两张幻灯片），将制作完成的演示文稿以 JSJ3.PPT（或 JSJ3.PPTX）为文件名保存在"等级考试"文件夹中。要求如下。

① 标题用艺术字、其他文字内容、模板、背景等格式自定。

② 绘图、插入图片（或剪贴画）等对象。

③ 各对象的动画效果自定，延时 0 秒自动出现。

④ 幻灯片切换时自动播放，样式自定。

2．用你熟悉的软件制作一网页文件，主题为"我的大学生活"，其中要插入相关的图片和文字；另外要插入一剪贴画（或其他图片），并设置浏览网页时，单击该图片可链接到 http://www.edu.cn/的超级链接，用文件名 JSJ3.HTM（或 JSJ3.HTML）保存到"等级考试"文件夹中。

3．用数据库软件建立职工档案（根据表中数据确定其数据类型），其文件名为 JSJ3.DBF 或 JSJ3.MDB 等，保存到"等级考试"文件夹中，同时在表中录如下数据。

配件编号：文本型

经办人：文本型

存放部门：文本型

数量：数字型

配件单价：数字型

备注说明：备注型

设备配件统计表

配件编号	经办人	存放部门	数量	配件单价	备注说明
152012001	张小小	技术部	1500	500.00	
162012002	王菲菲	销售部	1600	750.00	
172013003	李晶晶	人事部	1200	450.00	
182013004	高嵩	财务部	800	280.00	